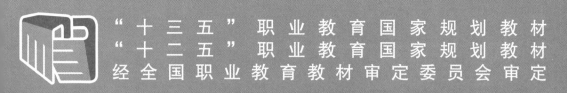

“十三五”职业教育国家规划教材
“十二五”职业教育国家规划教材
经全国职业教育教材审定委员会审定

Altium Designer
电路设计与制作（第二版）

Altium Designer DIANLU SHEJI YU ZHIZUO

陈学平　廖金权　主　编
王建林　副主编

扫描二维码
观看操作视频

U0310551

- 理论微课
- 案例视频
- 教学课件、素材

中国铁道出版社有限公司
CHINA RAILWAY PUBLISHING HOUSE CO., LTD.

内 容 简 介

本书主要讲述了 Altium Designer 10.0 的电路设计技巧及设计实例，读者通过本书的学习能够掌握 Altium Designer 10.0 的电路设计方法。

本书编写的最大特色是打破传统的知识体系结构，以项目为载体重构理论与实践知识，以典型、具体的实例操作贯穿全书，充分体现"做中学，做中教"的职业教育教学特色。

书中内容通俗易懂，图文并茂，低起点，循序渐进，用一个个实例贯穿全书，可操作性强。主要内容包括：Altium Designer 10.0 的安装与卸载、PCB 工程及相关文件的创建、PCB 电路设计快速入门、原理图元件和 PCB 元件的制作、心形灯电路的制作、狼牙开发板的设计与制作、LCD 液晶显示屏电路板的制作。

本书适合作为高等职业院校、中等职业学校、技工学校和其他大专院校电工电子类及相关专业的教材，也可作为电子类相关专业技术人员的自学和培训用书。

图书在版编目（CIP）数据

Altium Designer 电路设计与制作 / 陈学平，廖金权主编 . —2 版 . —北京：中国铁道出版社，2018.9（2023.1重印）
"十二五"职业教育国家规划教材
ISBN 978-7-113-24865-9

Ⅰ . ① A… Ⅱ . ①陈… ②廖… Ⅲ . ①印刷电路 - 计算机辅助设计 - 应用软件 - 职业教育 - 教材 Ⅳ . ① TN410.2

中国版本图书馆 CIP 数据核字（2018）第 187214 号

书　　名：Altium Designer 电路设计与制作
作　　者：陈学平　廖金权

策　　划：王春霞　　　　　　　　　　编辑部电话：（010）63551006
责任编辑：王春霞　绳　超
封面设计：付　巍
封面制作：刘　颖
责任校对：张玉华
责任印制：樊启鹏

出版发行：中国铁道出版社有限公司（100054，北京市西城区右安门西街 8 号）
网　　址：http://www.tdpress.com/51eds/
印　　刷：三河市航远印刷有限公司
版　　次：2015 年 8 月第 1 版　2018 年 9 月第 2 版　2023 年 1 月第 6 次印刷
开　　本：787 mm×1 092 mm 1/16　印张：16.5　字数：403 千
书　　号：ISBN 978-7-113-24865-9
定　　价：49.80 元

本书是学习 Altium Designer 软件的基础性专业教材，主要介绍 Altium Designer 软件的两个主要组成部分，即电路原理图设计和 PCB（印制电路板）设计。全书共分 7 个项目，涉及内容包括 Altium Designer 电路设计基础、原理图设计、原理图符号的制作和修改、PCB 设计、元件封装的制作与修改及综合实例（书中图稿电路图的图形符号与国家标准图形符号对照表参见附录 A）。每个项目由多个典型任务组成，每个任务有详细的知识点介绍及任务实施方法，最后通过任务评价表检验自己对任务的掌握情况。

本书编写的最大特色是打破传统的知识体系结构，以项目为载体重构理论与实践知识，以典型、具体的实例操作贯穿全书，充分体现"做中学，做中教"的职业教育教学特色。

第一版在使用过程中，笔者发现有需要进行重新编写和改进的地方。因此，我们对第一版教材进行了重新编写。

相对于第一版，第二版修订了大量的内容，主要是丰富了案例的内容，重新编写了每个案例，部分任务录制了视频，并且还配备了各种辅助教学资料。

对于用书教师，我们提供所有项目的教案、PPT 课件、上课的教学视频、源文件和其他补充教学资料。

第二版的具体变化如下：

（1）删除了第一版项目 3 至项目 9，共 7 个项目的内容。

（2）重新编写了项目 3 至项目 7 的内容，增加了上机操作的案例，这些案例由简单到复杂进行编排。

① 项目 3 介绍了 PCB 设计的快速入门，让读者从一个最简单的原理图快速上手，然后绘制一个 555 电路。

② 项目 4 专门介绍了元件和封装制作的 3 种方法。首先介绍全新制作元件，然后介绍修改集成库元件，最后介绍自己制作集成库元件，让读者从最简单的元件入手，逐步制作出较为复杂的元件。

③ 项目 5 主要在前面内容的基础上，绘制心形 PCB，能够掌握元件的 30°、45°旋转，能够完成 PCB 的制作。

④ 项目 6 狼牙开发板电路，这是较为复杂的电路，元件很多，可作为学生的期末考试电路之一。这个电路可以在制作 PCB 时，用 2D 元件显示二维 PCB，也可以用 3D 元件显示 3D PCB，对于 3D PCB 制作，读者可以与作者联系索取资料（作者邮箱：41800543@qq.com）。

⑤ 项目 7 液晶显示电路，这个电路也是期末考试电路之一，要求读者能够完成原理图和 PCB 中的所有元件制作，在制作 PCB 时能够手动布线完成 PCB 的绘制。

特别说明：

UPC 三片机黑白电视机电路图和 PCB 的制作，由于篇幅所限，没有放在教材中，我们录制了视频并提供了补充资料，有需求的读者可以与作者联系索取。

对第一版教材中的原有案例，我们也录制了上课教学视频，有需求的读者也可以与作者联系索取。

本书由重庆电子工程职业学院陈学平、廖金权任主编，包头职业技术学院王建林任副主编。本书在编写过程中得到了笔者家人、学校领导及出版社编辑的支持，在此一并表示感谢。

限于编者水平所限，书中疏漏与不足之处在所难免，恳请广大读者批评指正。

编　者

2018 年 6 月

CONTENTS **目 录**

项目 1

Altium Designer 10.0 的安装与卸载

项目描述

本项目将引导读者了解电路设计的大体流程，了解现在 Altium 公司较新的电子电路设计软件，以便让读者为后续的电子电路设计工作打下基础。

项目目标

本项目分为 4 个任务，主要包括：认识印制电路板设计流程；初识 Altium Designer 10.0；Altium Designer 10.0 的安装、激活、汉化；启动 Altium Designer 10.0。通过学习，希望读者达到以下要求：

(1) 了解电路设计软件的安装方法。
(2) 掌握软件的汉化和激活方法。

任务 1 认识印制电路板设计流程

任务描述

本任务是对印制电路板设计流程进行介绍。在本任务中，给出了一般印制电路板的设计流程，同时，对于印制电路板的相关术语进行了简单介绍，要求读者能够领会。

相关知识

1. 印制电路板（PCB）的定义

学习电路设计的最终目的是完成印制电路板的设计，印制电路板是电路设计的最终结果。

在现实生活中，电子产品成品打开后，通常可以发现其中有一块或者多块印制电路板，在这些电路板上有电阻、电容、二极管、三极管、集成电路芯片、各种连接插件，还可以发现在电路板上有印制线路连接着各种元件的引脚，这些电路板称为印制电路板，即 PCB。

通常情况下，电路设计在原理图设计完成后，需要设计一块印制电路板来完成原理图中的电气连接，并安装上元件，进行调试，因此可以说印制电路板是电路设计的最终结果。

在 PCB 上通常有一系列的芯片、电阻、电容等元件，它们通过 PCB 上的导线连接，构成电路，电路通过连接器或者插槽进行信号的输入或输出，从而实现一定的功能。可以说 PCB 的主要功能是为元件提供电气连接，为整个电路提供输入或输出端口及显示。电气连通性是 PCB 最重要的特性。

总之，PCB 在各种电子设备中有如下功能：

（1）提供集成电路等各种电子元件固定、装配的机械支撑。

（2）实现集成电路等电气元件的布线和电气连接，提供所要求的电气特性。

（3）为自动装配提供阻焊图形，为电子元件的插装、检查、调试、维修提供识别图形，以便正确插装元件、快速对电子设备电路进行维修。

2．PCB 的层次组成

PCB 为各种元件提供电气连接，并为电路提供输入 / 输出端口，这些功能决定了 PCB 的组成和分层。

图 1-1 所示为一块计算机主板的电源接口部分的 PCB 实物图，在图上可以清晰地看见各种芯片、在 PCB 上的走线、插座等。

图 1-1　PCB 的实物图

1）PCB 的各个层

PCB 中一般包括很多层，实际上 PCB 的制作也是将各个层分开做好，然后压制而成。PCB 中各层的意义如下：

（1）铜箔层：在 PCB 材料中存在铜箔层，并由这些铜箔层构成电气连接。通常，PCB 的层数定义为铜箔的层数。常见的 PCB 在上下表面都有铜箔，称为双层板。现今，由于电子电路的元件密集安装、防干扰和布线等特殊要求，一些较新的电子产品中所用的印制电路板不仅有上下两面走线，在板的中间还设有能被特殊加工的夹层铜箔。例如，现在的计算机主板所用的印制电路板材料多在 4 层以上。

（2）丝印层：铜箔层并不是裸露在空气中的，在铜箔层上还存在丝印层，可以保护铜箔层；在丝印层上，有印刷时所需的标志图案和文字代号等，例如，元件标号和标称值、元件外廓形状和厂家标志、生产日期等，方便了电路的安装和维修。

（3）印制材料：在铜箔层之间采用印制材料绝缘，同时，印制材料支撑起了整个 PCB。实际上，PCB 上各层对 PCB 的性能都有影响，每个层都有自己独特的性能。

2）PCB 的组成

PCB 的组成可以分为以下几部分：

（1）元件：用于完成电路功能的各种元件。每一个元件都包含若干个引脚，通过引脚将电信号引入元件内部进行处理，从而完成对应的功能。引脚还有固定元件的作用。在电路板上的元件包括集成电路芯片、分立元件（如电阻、电容等）、电路板输入 / 输出端口和电路板供电端口的连接器，某些电路板上还有用于指示的器件（如数码显示管、发光二极管 LED 等），如上网时，网卡的工作指示灯。PCB 分层和组成示例如图 1-2 所示。

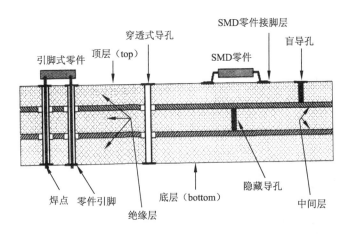

图 1-2　PCB 分层和组成示例

（2）铜箔：铜箔在电路板上可以表现为导线、过孔、焊盘和敷铜等各种表示方式，它们各自的作用如下：

① 导线：用于连接电路板上各种元件的引脚，完成各个元件之间电信号的连接。

② 过孔：在多层的电路板中，为了完成电气连接的建立，在某些导线上会出现过孔。在工艺上，过孔的孔壁圆柱面上用化学沉积的方法镀上一层金属，用于连通中间各层需要连通的铜箔，而过孔的上下两面做成普通的焊盘形状，可直接与上下两面的线路相通，也可不连。

③ 焊盘：用于在电路板上固定元件，也是电信号进入元件的通路组成部分。用于安装整个电路板的安装孔，有时候也以焊盘的形式出现。

④ 敷铜：在电路板上的某个区域填充铜箔称为敷铜。敷铜可以改善电路的性能。

（3）丝印层：印制电路板的顶层，采用绝缘材料制成。在丝印层上可以标注文字，注释电路板上的元件和整个电路板。丝印层还能起到保护顶层导线的作用。

（4）印制材料：采用绝缘材料制成，用于支撑整个电路。

3. 常用的 EDA 软件

EDA 软件即电子技术自动化软件。通常情况下，在电子设计中有成百上千个焊盘需要连接，如此多的连接使得采用手工设计和制作 PCB 变得不太可能。因此，各种电子设计软件应运而生。

采用电子设计软件可以对整个设计进行科学的管理，帮助生成美观实用、性能优越的 PCB。一般的电子设计软件应该包含以下功能：

（1）原理图设计功能：即输入原理图，并对原理图上的电气连接特性进行管理，统计电路上有多少电气连接，并提供对原理图的检错功能。原理图设计中还需要提供元件的封装信息。

（2）原理图仿真功能：对绘制的原理图进行仿真，看仿真结果，检查设计是否符合要求。

（3）PCB 设计功能：根据原理图提供的电气连接特性，绘制 PCB。该功能需要提供和原理图的接口，提供元件布局、PCB 布线等功能，并负责导出 PCB 文件，帮助制作 PCB。该功能还需要提供检错功能和报表输出功能。

（4）PCB 仿真功能：对 PCB 的局部和整体进行电气特性［如信号完整性、EMI（电磁干扰）特性］的仿真，看是否满足设计指标。该功能需要设计者提供 PCB 的各种材料参数、环境条件等数据。

常用的电子设计软件包括 Protel（Altium）、PowerPCB、OrCAD 和 Cadence 等。其中的 Altium 提供了上述的所有功能，是国内最常用的 PCB 设计软件。Altium 学习方便、概念清楚、操作简单、功能完善，深受广大电子设计者的喜爱，是电子设计常用的入门软件。本书将介绍 Altium Designer 10.0 的电路设计技巧。

4．PCB 设计流程

在设计 PCB 时，可以直接在 PCB 上放置元件封装，并用导线将它们连接起来。但是，在复杂的 PCB 设计中，往往牵涉大量的元件和连接，工作量很大，如果没有系统的管理是很容易出错的。因此在设计时，应采用系统的流程来规划整个工作。通用的 PCB 设计流程包含以下 4 步：

（1）PCB 设计准备工作。

（2）绘制原理图。

（3）通过网络报表将原理图导入 PCB 中。

（4）绘制 PCB 并导出 PCB 文件，准备制作 PCB。

下面对每个步骤进行详细说明：

1）PCB 设计准备工作

（1）对电路设计的可能性进行分析。

（2）确定采用的芯片、电阻、电容元件的数目和型号。

（3）查找所采用元件的数据手册，并选用合适的元件封装。

（4）购买元件。

（5）选用合适的设计软件。

2）绘制原理图

在做好 PCB 设计准备工作后，需要对电路进行设计，开始原理图的绘制。在电路设计软件中设置好原理图环境参数，绘制原理图的图纸大小。在设置好图纸后，在绘制的原理图中，主要包括以下主要部分：

（1）元件标志（symbol）：每一个实际元件都有自己的标志。标志由一系列的引脚和边界方框组成，其中的引脚排列和实际元件的引脚一一对应，标志中的引脚即为引脚的映射。

（2）导线：原理图中的引脚通过导线相连，表示在实际电路上元件引脚的电气连接。

（3）电源：原理图中有专门的符号来表示接电源和接地。

（4）输入 / 输出端口：表示整个电路的输入和输出。

简单的原理图由以上内容构成。在绘制简单的原理图时，放置上所有的实际元件标志，并用导线将它们正确地连接起来，放置上电源符号和接地符号，安装合适的输入 / 输出端口，整个工作就可以完成。但是，当原理图过于复杂时，在单张的原理图图纸上绘制非常不方便，而且比较容易出错，检错就更加不容易，需要将原理图划分层次。在分层次的原理图中引入了方块电路图等内容。在原理图中还包含有忽略 ERC 检查点、PCB 布线指示点等辅助设计内容。

当然，在原理图中还包含有说明文字、说明图片等，它们被用于注释原理图，使原理图更加容易理解，更加美观。

原理图的绘制步骤如下：

（1）查找绘制原理图所需要的原理图库文件并加载。

（2）如果电路图中的元件不在库文件中，则自己绘制元件。

（3）将元件放置到原理图中，进行布局连线。

（4）对原理图进行注释。

（5）对原理图进行仿真，检查原理图设计的合理性。

（6）检查原理图并打印输出。

3）通过网络报表将原理图导入 PCB 中

设计原理图后，需要根据绘制的原理图进行印制电路板的设计。网络报表是电路原理图设计和印制电路板设计之间的桥梁和纽带。在原理图中，连接在一起的元件标志引脚构成一个网络，整个原理图中可以提取网络报表来描述电路的电气连接特性。同时网络报表包含原理图中的元件封装信息。在 PCB 设计中，导入正确的网络报表，即可以获得 PCB 设计所需要的一切信息。可以说，网络报表的生成既是原理图设计的结束，又是 PCB 设计的开始。

4）绘制 PCB 并导出 PCB 文件，准备制作 PCB

根据原理图绘制的印制电路板上包含的主要内容有：

（1）元件封装：每个实际的元件都有自己的封装，封装由一系列的焊盘和边框组成。元件的引脚被焊接在 PCB 上封装的焊盘上，从而建立真正的电气连接。元件封装的焊盘和元件的引脚是一一对应的。

（2）导线：铜箔层的导线将焊盘连接起来，建立电气连接。

（3）电源插座：给 PCB 上的元件加电后，PCB 才能开始工作。给 PCB 加电可以直接拿一根铜线引出需要供电的引脚，然后连接到电源即可，不需要任何的电源插座，但是为了让印制电路板的铜箔不致于被维修人员在维修时用连接导线供电将铜箔损坏，还是需要设计电源插座，使产品调试维修人员直接通过电源插座给印制电路板供电。

（4）输入/输出端口：在设计中，同样需要采取合适的输入/输出端口引入输入信号，导出输出信号。一般的设计中可以采用和电源输入类似的插座。在有些设计中有规定好的输入/输出连接器或者插槽，如计算机的主板 PCI 总线、AGP 插槽，计算机网卡的 RJ-45 插座等，在这种情况下，需要按照设计标准，设计好信号的输入/输出端口。

在有些设计中，PCB 上还设置有安装孔。PCB 通过安装孔可以固定在产品上，同时安装孔的内壁也可以镀铜，设计成通孔形式，并与"地"网络连接，这样方便了电路的调试。

PCB 中的内容除以上之外，有些还有指示部分，如 LED、七段数码显示器等。当然，PCB 上还有丝印层上的说明文字，指示 PCB 的焊接和调试。

PCB 设计需要遵循一定的步骤才能保证不出错误。PCB 设计大体包括以下步骤：

（1）设置 PCB 模板。

（2）检查网络报表，并导入。

（3）对所有元件进行布局。

（4）按照元件的电气连接进行布线。

（5）敷铜，放置安装孔。

（6）对 PCB 进行全局或部分的仿真。

（7）对整个 PCB 检错。

（8）导出 PCB 文件，准备制作 PCB。

任务实施

在前面的相关知识中介绍了印制电路板的设计流程，在任务实施中，需要对上面介绍的相关知识进行总结，归纳出印制电路板的设计流程。

（1）PCB 设计之前，先要收集查找 PCB 的相关参数。特别是 PCB 设计是否可行，元件封装能否找得到。

（2）建立一个工程项目。

（3）绘制原理图文件。

（4）绘制原理图文件需要的元件库。

（5）绘制 PCB 文件。

（6）绘制 PCB 封装元件库。

（7）绘制 PCB 并导出 PCB 文件，准备制作 PCB。

以上的每个步骤将在后面的项目和任务中详细介绍。

任务评价

在任务实施完成后，读者可以填写表 1-1，检测一下自己对本任务的掌握情况。

表 1-1 任务评价

任务名称				学　时		1	
任务描述				任务分析			
实施方案				教师认可：			
问题记录	1.			处理方法		1.	
	2.					2.	
	3.					3.	
成果评价	评价项目		评价标准	学生自评（20%）	小组互评（30%）	教师评价（50%）	
	1.		1.　（×%）				
	2.		2.　（×%）				
	3.		3.　（×%）				
	4.		4.　（×%）				
	5.		5.　（×%）				
	6.		6.　（×%）				
教师评语	评语： 成绩等级： 教师签字：						
小组信息	班　级		第　组	同组同学			
	组长签字		日　期				

注：表中内容由教师和学生自行填写，下同。

任务 2 初识 Altium Designer 10.0

任务描述

本任务是让读者操作已经安装好的、正常的 Altium Designer 10.0（简称 AD10）。学习本任务需要打开已经安装完成的软件进行操作，以体会软件的功能。

相关知识

1. Altium Designer 10.0 概述

目前人们可以在计算机上利用电子 CAD 软件来完成产品的原理图设计和印制电路板设计。Altium Designer 是目前 EDA 行业中使用最方便、操作最快捷、人性化界面最好的辅助工具。

Altium 公司的发展史：

1985 年，诞生 DOS 版 Protel。

1991 年，Protel for Windows 版本，到随后的 Protel for Windows 1.0/2.0/3.0。

1998 年，Protel 98 这个 32 位产品是第一个包含 5 个核心模块的 EDA 工具。

1999 年，Protel 99 构成从电路设计到真实板分析的完整体系。

2001 年，Protel 国际有限公司正式更名为 Altium 有限公司。

2002 年，Protel DXP 集成了更多工具，使用方便，功能更强大。

2004 年，Protel 2004 提供了 PCB 与 FPGA 双向协同设计功能。

2006 年，Altium 公司推出 Altium Designer 6.0。

2008 年，Altium 公司推出 Altium Designer 6.9。

（从 Altium Designer 7.0 开始，软件版本号不再采用以前的编号形式。）

2008 年 6 月，Altium 公司推出 Altium Designer Summer 08（7.0）。

2008 年 12 月，Altium 公司推出 Altium Designer Winter 09（8.0）。

2009 年，Altium 公司推出 Altium Designer Summer 09（9.0）。

2011 年，Altium 公司推出 Altium Designer 10。

2012 年，Altium 公司推出 Altium Designer 13。

2013 年，Altium 公司推出 Altium Designer 15。

2016 年，Altium 公司推出 Altium Designer 16。

2017 年新一代的 PCB 设计软件—Altium Designer 18(业内也称 AD18) 已经推出，该版本包含一系列改进和新特性，增强的 BOM 清单功能，进一步增强了 ActiveBOM 功能，采用 Dark 暗夜风格的全新 UI 界面，并且卡顿问题也得到了极大的改善。

Altium 的全球管理以澳洲悉尼为总部，在澳洲、中国、法国、德国、日本、瑞士和美国均有直销点和办公机构。此外，Altium 在其他主要市场国家均有代销网络。

Altium Designer 是 Altium 公司开发的一款电子设计自动化软件，用于原理图、PCB、FPGA 设计；结合了板级设计与 FPGA 设计。Altium 公司收购来的 PCAD 及 TASKKING 成为了 Altium Designer 的一部分。

Altium Designer Summer 08 将 ECAD 和 MCAD 两种文件格式结合在一起，Altium 在其

较新版的一体化设计解决方案中为电子工程师带来了全面验证机械设计（如外壳与电子组件）与电气特性关系的能力；还加入了对 OrCAD 和 PowerPCB 的支持能力。

2008 年冬季发布的 Altium Designer Winter 09 引入了新的设计技术和理念，以帮助电子产品设计创新。增强功能的电路板设计空间，让用户可以更快地设计，全三维 PCB 设计环境，避免出现错误和不准确的模型设计。

Altium 于 2011 年在全球范围内推出 Altium Designer 10.0 版本，以适应日新月异的电子设计技术。它的诞生延续了连续不断的新特性和新技术的应用过程。

2．Altium Designer 10.0 新特性

（1）Altium Designer 10.0 为用户带来了一个全新的管理元器件的方法。其中，包括新的用途系统、修改管理、新的生命周期和审批制度、实时供应链管理等更多的新功能。

Altium Designer 10.0 具有插入新的功能和技术的过程，使得用户可以更方便、轻松地创建下一代电子产品设计。 Altium 统一的设计架构以将硬件、软件和可编程硬件等集成到一个单一的应用程序中而闻名。它可让用户在一个项目内，或者是整个团队里自由地探索和开发新的设计创意和设计思想，团队中的每个人都拥有对于整个设计过程的统一设计视图。

Altium Designer 10.0 提供了一个强大的、高集成度的板级设计发布过程，它可以验证并将用户的设计和制造数据进行打包，这些操作只需一键完成，从而避免了人为交互中可能出现的错误。更重要的是，该系统可以被直接链接到用户的后台版本控制系统。 新增的、强大的预发布验证手段的组合用于确保所有包含在发布中的设计文件都是当前的，与存储在用户的版本控制系统中的相应的文件保持同步，并且通过了所有特定的规则检查（ERC、DRC 等），从而可以在更高层面上控制发布管理，并可保证卓越的发布质量。

（2）最新亮点：

① 提供了将设计数据管理置于设计流程核心地位的全新桌面平台。

② 提供了新的维度，以供器件数据的搜寻和管理，确保输出到制造厂的设计数据具有准确性和可重复性。

③ 为设计环境提供供应链信息的智能链接，确保对元器件的使用有更好的选择。

④ 提供了涵盖整个设计与生产生命周期的器件数据管理方案，而结构性的输出流程更是确保了输出信息的完整性。

Altium Designer 10.0 系列的增强功能包括：输出 Output Job 编辑器、内电层分割加速改善、弹出式的多边形铺铜管理器、Atmel QTouch 支持、自定制的笛卡儿直角坐标和极坐标栅格、Aldec HDL 仿真功能，而且，其平台稳定性也得到了增强。

（3）新功能介绍。与过去以季节性主题（如 Winter 09，Summer 09）来命名的方案不同，而是采用新型的、平实的编号形式来为新的发布版本进行命名。

Altium Designer 10.0 与 Altium Vault Server（来自 Altium 的另一解决方案）提供了一个设计数据管理系统，它可以有效地识别并解决许多导致设计、发布和制造等进程缓慢的各种问题。它是一种非常具有创造性和革命性的智能数据管理系统。

该数据管理解决方案的重要组成部分是一个元器件管理系统。该元器件管理系统提供了真正的生命周期追踪功能和器件检验的独立性。

任务实施

前面简要介绍了 Altium Designer 10.0 的一些特性，在任务实施中将对 Altium Designer 10.0 进行初步操作。通过任务实施，了解该软件的安装环境、集成功能以及该软件的一些初始界面和设计的窗口。

打开该软件，逐步熟悉其操作。操作如下：

（1）在开始菜单，程序中找到 Altium Designer 10.0，双击打开，即可启动这个软件。

（2）软件启动后，会加载这个软件，如图 1-3 所示。加载完成后，会进入软件的初始界面。

图 1-3　加载软件的启动界面

（3）软件打开后，看到如图 1-4 所示的窗口，在该窗口中，出现了一段很明显的红色提示文字，该软件没有激活。

注意

　　该软件是英文状态，在任务 3 中将会介绍将其变为中文软件使用的方法。

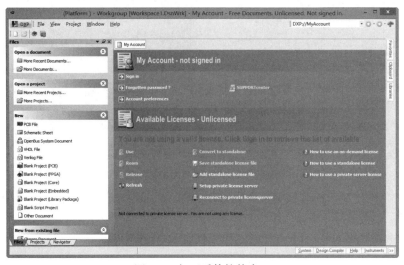

图 1-4　打开后的软件窗口

（4）将软件激活后，初始窗口如图 1-5 所示。

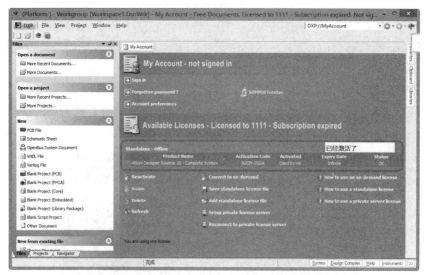

图 1-5　已经激活的窗口

注意

激活的方法，将在任务 3 中介绍。

（5）将光标移到主菜单中的 File|New 上面，会展开三级菜单，如图 1-6 所示。

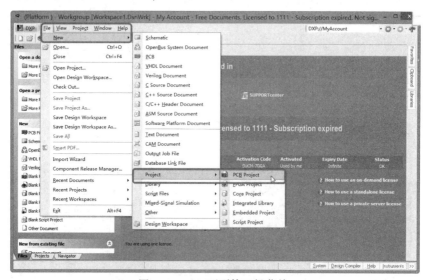

图 1-6　New 下面的三级菜单

可以看到在该菜单下面有很多三级菜单，如 Schematic（原理图）、PCB（印制电路板）、Project（工程）、Library（库文件）等。这里所列出的是经常用到的。

还有很多其他功能菜单，限于篇幅，这里不再一一介绍。这些内容将在后续的项目和任务中进行介绍。

任务评价

在任务实施完成后，读者可以填写表 1-2，检测一下自己对本任务的掌握情况。

表 1-2 任务评价

任务名称			学　时		1
任务描述			任务分析		
实施方案				教师认可：	
问题记录	1.		处理方法	1.	
	2.			2.	
	3.			3.	
成果评价	评价项目	评价标准	学生自评（20%）	小组互评（30%）	教师评价（50%）
	1.	1.　（×%）			
	2.	2.　（×%）			
	3.	3.　（×%）			
	4.	4.　（×%）			
	5.	5.　（×%）			
	6.	6.　（×%）			
教师评语	评　语：				
	成绩等级：			教师签字：	
小组信息	班　级		第　组	同组同学	
	组长签字		日　期		

任务3 Altium Designer 10.0 安装、激活、汉化

任务描述

在任务 2 中介绍了 Altium Designer 10.0 的一些特性，同时，初步操作了 Altium Designer 10.0，但是对于这个软件，自己如何安装，如何汉化，如何激活，读者还并不熟悉。本任务是对 Altium Designer 10.0 的安装方法进行介绍，主要介绍该软件的安装、激活、汉化的方法。通过本任务的学习，使读者能够在计算机中安装这个软件，同时，掌握该软件在 Windows 各版本下的激活方法。

相关知识

1．Altium Designer 10.0 的安装

Altium Designer 10.0 的安装步骤如下：

（1）找到 Altium Designer 10.0 压缩包，将其解压，如图 1-7 所示。

（2）安装文件解压后，还是一个 ISO 镜像文件，并不能直接安装（这是笔者所下载文件的情况）。因此先要打开 ISO 文件，才能继续安装。需要先安装一个能打开 ISO 文件的软件，可以安装 Winmount，安装过程从略，安装完成后，在先前解压的安装 ISO 文件上右击，选择

图 1-7 解压安装文件

Mount to new drive 命令，则可以加载一个虚拟光驱。现在可以找到里面的 Setup.exe 文件，双击它开始安装。

（3）弹出 Altium Designer Release 10.0 安装向导窗口，如图 1-8 所示。

（4）单击 Next 按钮，出现接受协议窗口，如图 1-9 所示。在图 1-9 中选中 I accept the agreement 复选框。

图 1-8 Altium Designer Release 10.0 安装向导窗口

图 1-9 接受协议窗口

（5）单击 Next 按钮，选择版本号和安装的源文件（可以保持默认），如图 1-10 所示。

（6）单击 Next 按钮，选择安装程序到哪个文件夹，即安装的目标文件。默认是 C 盘，可以选择 D 盘等，其他的路径不变，如图 1-11 所示。

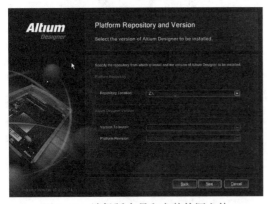

图 1-10 选择版本号和安装的源文件

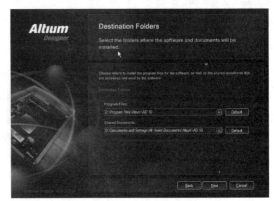

图 1-11 选择目标路径

（7）单击 Next 按钮，出现 Ready to Install（准备安装）对话框，如图 1-12 所示。

（8）单击 Next 按钮，出现安装过程对话框，直到安装完成，如图 1-13 所示。

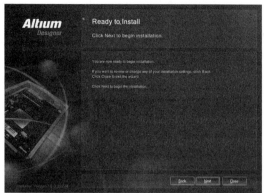

图 1-12　准备安装对话框

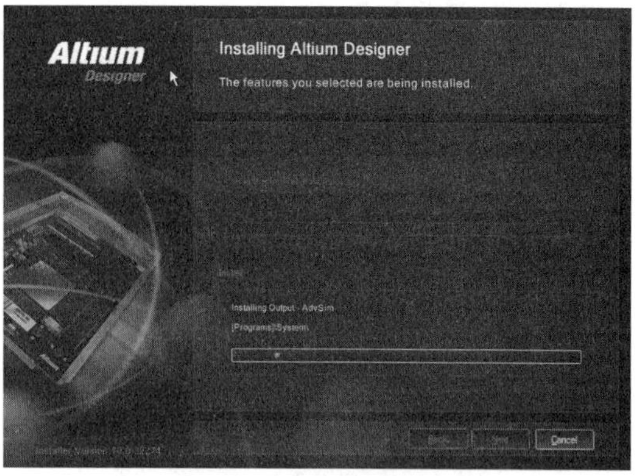

图 1-13　安装过程进行中

（9）安装完成后，单击 Finish 按钮完成安装。

2．Altium Designer 10.0 的汉化

（1）安装完成后，从"开始"菜单|"所有程序"中启动这个软件。

（2）在软件启动过程中可以看到软件的版本号是：10.589.22577，软件的启动界面如图 1-14 所示。

（3）软件启动成功后的窗口中，软件语言是英文的，同时有一段红色的提示文字，说明软件还不能使用，没有激活。

（4）单击主菜单中 DXP 按钮，在出现的快捷菜单中选择 Preferences 命令，如图 1-15 所示。

图 1-14　软件的启动界面

图 1-15　选择 Preferences 命令

（5）在出现的 Preferences 窗口中，展开 System|General，在 Localization 区域中选中 Use localized resources 复选框，同时选中 Localized menus 复选框，如图 1-16 所示。当选中后，

将会弹出一个提示对话框，提示重新启动设置工作，如图 1-17 所示。单击 OK 按钮，回到图 1-16 中，再单击 OK 按钮，退出 Altium Designer 10.0，再一次重新启动后，软件的工作窗口界面已经变成中文，如图 1-18 所示。

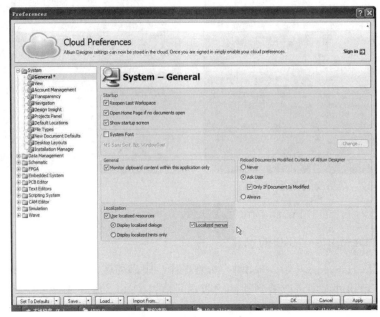

图 1-16　Preferences 窗口

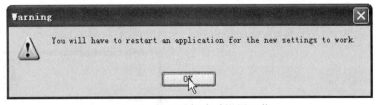

图 1-17　提示重新启动设置工作

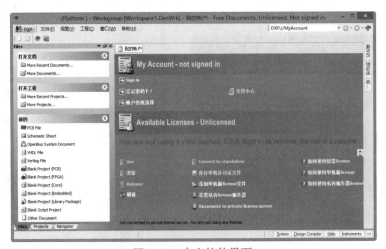

图 1-18　中文软件界面

3．Altium Designer 10.0 软件的激活

（1）将激活的压缩文件进行解压，如图 1-19 所示。

（2）运行里面的 AD10KeyGen.exe 文件，双击即可打开，弹出一个密码学试验研究对话框，如图 1-20 所示。

图 1-19　解压文件

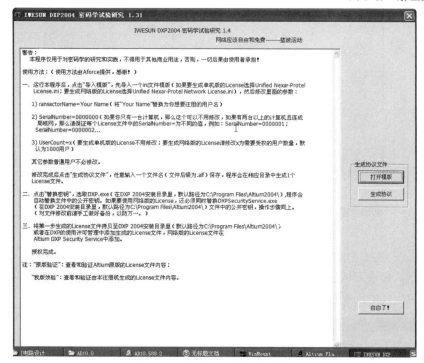

图 1-20　密码学试验研究对话框

（3）在图 1-20 中，单击"打开模板"按钮，选择 license，如图 1-21 所示，这个是模板文件。

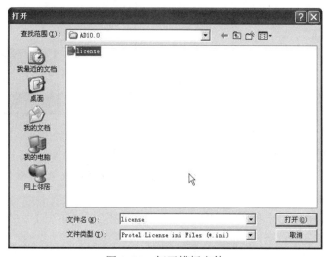

图 1-21　打开模板文件

（4）打开模板文件后的对话框如图 1-22 所示，可以在其中 TransactorName=JYL 这行中更改"="后面的为自己想输入的名字，可以任意输入。

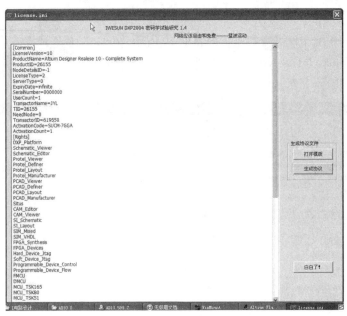

图 1-22　打开模板文件后的对话框

（5）单击图 1-22 中的"生成协议"按钮，出现一个保存协议文件的对话框，可以输入一个任意的名字，如输入 10.alf，扩展名为 .alf，不要更改，如图 1-23 所示。

（6）弹出生成协议成功的对话框，如图 1-24 所示。

图 1-23　保存生成的协议文件　　　　　图 1-24　弹出生成协议成功的对话框

（7）运行前面解压文件中的 patch.exe 文件，双击即可打开。

（8）出现一个对话框，如图 1-25 所示，单击 Patch 按钮查找 Altium Designer 10.0 软件的主程序文件 DXP.exe。

（9）出现一个对话框"未找到该文件。搜索该文件吗？"，如图 1-26 所示。

注意

　　如果将这个 Patch.exe 生成补丁的文件放到 Altium Designer 10.0 软件的安装目录中与主程序文件 DXP.exe 在一个文件夹内，则不会出现这个提示对话框。

图 1-25 单击 Patch 按钮查找主程序文件

图 1-26 "未找到该文件。搜索该文件吗？"对话框

（10）单击"是"按钮，查找主程序文件 DXP.exe。可在软件的安装目录中查找，如图 1-27 所示。找到后单击"打开"按钮，出现补丁成功的对话框，如图 1-28 所示。

图 1-27 查找主程序文件

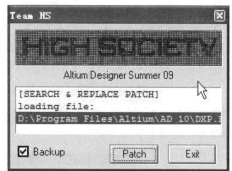

图 1-28 补丁运行完毕

（11）重新启动 DXP.exe 主程序，单击主菜单 DXP|"我的账户"子菜单，如图 1-29 所示。

图 1-29 单击"我的账户"子菜单

（12）出现一个提示窗口，在里面有一行文字，表示软件没有激活，是不能使用的，如图 1-30 所示。

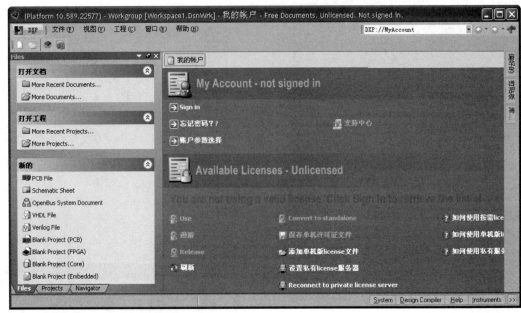

图 1-30　提示软件不能使用

（13）单击图 1-30 中的"添加单机版 license 文件"，出现一个查找协议文件的对话框，找到前面生成协议的文件夹（一定要记住保存的位置）；然后再找到 10.alf 文件，如图 1-31 所示，再单击"打开"按钮。

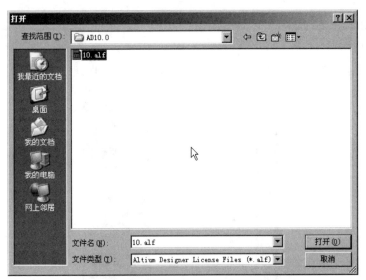

图 1-31　查找并打开协议文件

（14）到此为止，软件已经激活，出现了一个 OK 的字样，如图 1-32 所示。

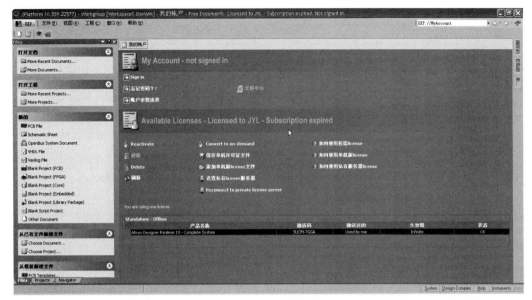

图 1-32　软件已经激活

任务实施

Altium Designer 10.0 的安装、汉化与激活

在相关知识中介绍了 Altium Designer 10.0 的安装、汉化与激活方法。下面进行实际操作。

1）环境需求

（1）一台 Windows 操作系统计算机，配置为主流的计算机配置。

（2）Altium Designer 10.0 的安装软件。

2）实施步骤

（1）按前面介绍的安装方法进行操作。

（2）按前面介绍的汉化方法进行汉化。

（3）激活操作。关于激活操作要注意的是：

Altium Designer 10.0 可以在 Windows XP/2003/7/8 环境下安装。但是 Altium Designer 10.0 在 Windows 8 64 位下面不能激活，关于这个问题，可以将其他的 Windows XP/2003/7/8 32 位的安装目录下面的 DXP.EXE 文件和已经产生的 .alf 激活文件复制到 Windows 8 64 位下面，再按书中介绍的方法进行激活。

任务评价

在任务实施完成后，读者可以填写表 1-3，检测一下自己对本任务的掌握情况。

表 1-3　任务评价

任务名称				学　　时		2
任务描述				任务分析		
实施方案				教师认可：		
问题记录	1.		处理方法	1.		
	2.			2.		
	3.			3.		
成果评价	评价项目	评价标准	学生自评（20%）	小组互评（30%）		教师评价（50%）
	1.	1.　（×%）				
	2.	2.　（×%）				
	3.	3.　（×%）				
	4.	4.　（×%）				
	5.	5.　（×%）				
	6.	6.　（×%）				
教师评语	评　语：　　　　　　　　　　成绩等级：　　　　　　　　教师签字：					
小组信息	班　　级		第　组	同组同学		
	组长签字		日　　期			

任务 4　启动 Altium Designer 10.0

任务描述

在任务 3 中介绍了 Altium Designer 10.0 的安装，本任务将介绍软件安装后，启动软件，进行面板管理和窗口管理的基本知识。

相关知识

1. 启动 Altium Designer 10.0

启动 Altium Designer 10.0 非常简单。Altium Designer 10.0 安装完毕后系统会将 Altium Designer 10.0 应用程序的快捷方式图标在开始菜单中自动生成。

（1）选择"开始"｜"所有程序"｜ Altium Designer 10.0 ｜ Altium Designer 10.0 命令，将会启动 Altium Designer 10.0，其主程序窗口如图 1-33 所示。

图 1-33　Altium　Designer　10.0 主程序窗口

（2）进入 Altium Designer 10.0 的主窗口后，立即就能领略到 Altium Designer 10.0 界面的漂亮、精致、形象和美观。不同的操作系统在安装完该软件后，首次看到的主窗口可能会有所不同，但这些软件的操作都大同小异。通过本任务的学习，读者可掌握最基本的软件操作。

Altium Designer 10.0 的工作面板和窗口与 Protel 软件以前的版本有较大的不同，对其管理有一套特别的操作方法，而且熟练地掌握工作面板和窗口管理能够极大地提高电路设计的效率。

2．工作面板的管理

1）标签栏

工作面板在设计工程中十分有用，通过它可以方便地操作文件和查看信息，还可以提高编辑的效率。单击屏幕右下角的面板标签，如图 1-34 所示。

单击面板中的标签可以选择每个标签中相应的工作面板窗口，如单击 System 标签，则会出现如图 1-35 所示的面板选项。可以从弹出的选项中选择自己所需要的工作面板，也可以通过选择"视图"｜"工作区面板"中的可选项，显示相应的工作面板。

图 1-34　面板标签　　　　　　　　　　　　图 1-35　System 的面板选项

2）工作面板的窗口

在 Altium Designer 10.0 中可以通过工作窗口面板方便地实现打开文件、访问库文件、浏览每个设计文件和编辑对象等各种功能。工作窗口面板可以分为两类：一类是在任何编辑环境中都有的面板，如库文件（Libraries）面板和工程（Projects）面板；另一类是在特定的编辑环境下才会出现的面板，如 PCB 编辑环境中的导航器（Navigator）面板。

面板的显示方式有 3 种：

（1）自动隐藏方式。如图 1-36 所示，面板处于自动隐藏方式。要显示某一工作窗口面板，可以单击相应的标签，工作窗口面板会自动弹出，当光标移开该面板一段时间或者在工作区单击时，面板会自动隐藏。

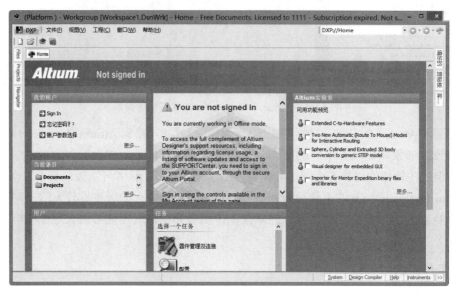

图 1-36　自动隐藏面板

（2）锁定显示方式。图 1-37 所示为 Files 面板锁定的窗口。

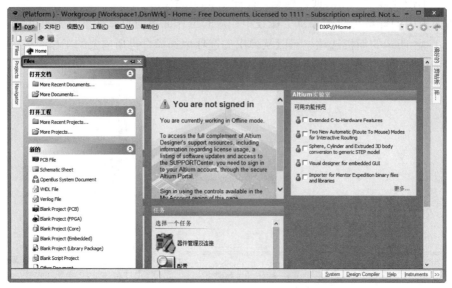

图 1-37　Files 面板锁定的窗口

（3）浮动显示方式。图 1-38 所示为浮动显示的 Files 面板。

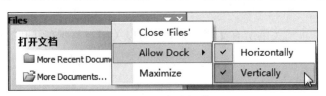

图 1-38　浮动显示的 Files 面板

3）3 种面板显示之间的转换

（1）在工作窗口面板的上边框右击，在弹出的快捷菜单中选择 Allow Dock ┃ Vertically 命令，如图 1-39 所示。将光标放在面板的上边框，拖动光标至窗口左边或右边合适位置。松开鼠标，即可使所移动的面板自动隐藏或锁定。

（2）要使所移动的面板为自动隐藏方式或锁定显示方式，可以选择图标 ◢ （锁定状态）和图标 ◢ （自动隐藏状态），然后单击，进行相互转换。

（3）要使工作窗口面板由自动隐藏方式或者锁定显示方式转变到浮动显示方式，只需要将工作窗口面板向外拖动到希望的位置即可。

3．窗口的管理

在 Altium Designer 10.0 中同时打开多个窗口时，可以设置将这些窗口按照不同的方式显示。对窗口的管理可以通过"窗口"菜单进行，如图 1-40 所示。

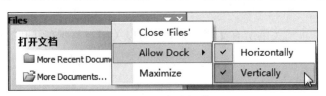
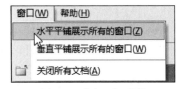

图 1-39　命令标签　　　　　　　　　　　　　图 1-40　"窗口"菜单

对菜单中每项的操作如下：

（1）水平排列所有的窗口。选择"窗口" ┃ "水平平铺展示所有的窗口"命令，即可将当前所有打开的窗口平铺显示，如图 1-41 所示。

图 1-41 是在新建了一个 PCB 文件，一个原理图文件，并且打开 home 主页之后，水平平铺的窗口。

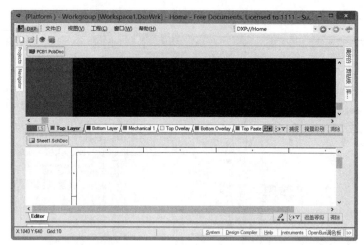

图 1-41　水平排列所有的窗口

（2）垂直平铺窗口。选择"窗口"｜"垂直平铺展示所有的窗口"命令，即可将当前所有打开的窗口垂直平铺显示，如图 1-42 所示。

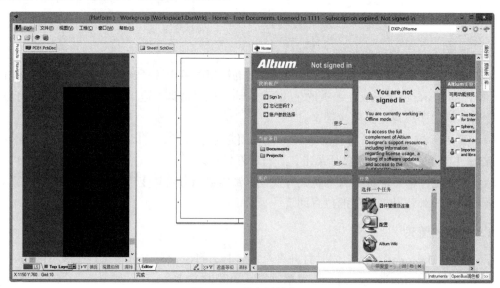

图 1-42　垂直平铺窗口

（3）关闭所有窗口。选择"窗口"｜"关闭所有文档"命令，可以关闭当前所有打开的窗口，也同时关闭所有当前打开的文件。

任务实施

Altium Designer 10.0 中的窗口切换和面板管理

在相关知识中介绍了 Altium Designer 10.0 中的窗口切换和面板管理。下面要进行上机操作完成以下内容。

（1）标签的打开或关闭。

（2）切换 Files 和 Projects 面板和库面板。

（3）实现窗口的水平和垂直排列。

相关操作步骤见相关知识部分，这里不再详述。

任务评价

在任务实施完成后，读者可以填写表 1-4，检测一下自己对本任务的掌握情况。

表 1-4 任务评价

任务名称				学　　时		2	
任务描述				任务分析			
实施方案					教师认可：		
问题记录	1.			处理方法	1.		
	2.				2.		
	3.				3.		
成果评价	评价项目		评价标准		学生自评（20%）	小组互评（30%）	教师评价（50%）
	1.		1.	（×%）			
	2.		2.	（×%）			
	3.		3.	（×%）			
	4.		4.	（×%）			
	5.		5.	（×%）			
	6.		6.	（×%）			
教师评语	评　语： 成绩等级：　　　　　　　　教师签字：						
小组信息	班　　级		第　组	同组同学			
	组长签字		日　期				

自　测　题

1. Altium Designer 10.0 的安装练习。

2. Altium Designer 10.0 英文版转中文版练习。

3. Altium Designer 10.0 的软件激活练习。

4. Altium Designer 10.0 工作面板切换、显示和隐蔽练习。

项目 2

PCB 工程及相关文件的创建

项目描述

本项目主要介绍 Altium Designer 10.0 的文件结构、Altium Designer 10.0 的 Projects 面板的两种文件：工程文件和 Altium Designer 10.0 设计时的临时文件（自由文档）。重点介绍 Altium Designer 10.0 的工程文件、原理图文件、原理图元件库文件、PCB 文件、PCB 封装库文件的创建方法。

项目目标

本项目通过 2 个任务来介绍 Altium Designer 10.0 的工程文件、原理图文件、原理图元件库文件、PCB 文件、PCB 封装库文件的创建方法。通过学习，希望读者达到以下要求：

(1) 掌握 Altium Designer 10.0 的文件结构

(2) 掌握 Altium Designer 10.0 的 Projects 面板中的文件类别。

(3) 理解如何复制工程文件。

(4) 了解 Altium Designer 10.0 电路软件包含的功能。

(5) 掌握建立工程文件的两种方法。

(6) 掌握工程文件的各种文件扩展名。

(7) 掌握建立原理图文件、原理图库文件、PCB 文件、PCB 库文件的方法。

任务 1　认识 Altium Designer 10.0 文件结构和文件管理系统

任务描述

本任务将介绍 Altium Designer 10.0 的文件结构。通过本任务的学习，应掌握 Altium Designer 10.0 的文件结构并能够建立和区分工程文件和自由文档（即临时文件）。

相关知识

1．Altium Designer 10.0 的文件结构

Altium Designer 10.0 的文件结构如图 2-1 所示。

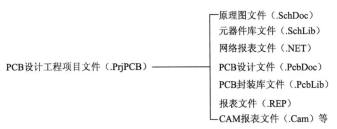

图 2-1　Altium Designer 10.0 的文件结构

Altium Designer 10.0 同样引入工程（*.PrjPCB 为扩展名）的概念，其中包含一系列的单个文件，如原理图文件（.SchDoc）、元器件库文件（.SchLib）、网络报表文件（.NET）、PCB设计文件（.PcbDoc）、PCB 封装库文件（.PcbLib）、报表文件（.REP）、CAM 报表文件（.Cam）等。工程项目文件的作用是建立与单个文件之间的连接关系，方便电路设计的组织和管理。

2．Altium Designer 10.0 的文件管理系统

在 Altium Designer 10.0 的 Projects 面板中有两种文件：工程文件和 Altium Designer 10.0设计时的临时文件（自由文档）。此外，Altium Designer 10.0 将单独存储设计时生成的文件。Altium Designer 10.0 中的单个文件（如原理图文件、PCB 文件）不要求一定处于某个设计工程中，它们可以独立于设计工程而存在，并且可以方便地移入和移出设计工程，也可以方便地进行编辑。

Altium Designer 10.0 文件管理系统给设计者提供了方便的文件中转，给大型设计带来了很大的方便。

1）工程文件

Altium Designer 10.0 支持工程级别的文件管理。在一个工程文件中包含设计中生成的一切文件，如原理图文件、网络报表文件、PCB 文件以及其他报表文件等，它们一起构成一个数据库，完成整个的设计。实际上，工程文件可以看作一个"文件夹"，里面包含设计中需要的各种文件，在该"文件夹"中可以执行一切对文件的操作。

图 2-2 所示为打开的显示电路 .PrjPCB 工程文件的展开。该文件中包含原理图文件显示电路 .SCHDOC、PCB 文件显示电路 1.PCBDOC、显示电路 .PCBDOC、显示电路覆铜 .PCBDOC、原理图库文件显示电路 .SchLib，PCB 库文件显示电路 .PcbLib。

注意

　　工程文件中并不包括设计中生成的文件，工程文件只起到管理的作用。

　　如果要对整个设计工程进行复制、移动等操作，需要对所有设计时生成的文件都进行操作。如果只复制工程，将不能完成所有文件的复制，在工程中列出的文件将是空的。

2）自由文档

不从工程中新建，而直接从"文件"|"新的"菜单中建立的文件称为自由文档，如图 2-3 所示。图 2-3 中标示出的自由文档也是临时文件。

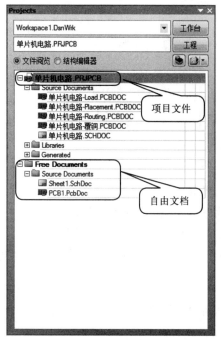

图 2-2 工程文件

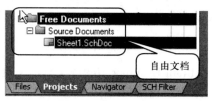

图 2-3 自由文档

3）文件保存

在 Altium Designer 10.0 中存盘时，系统会单独地保存所有设计中生成的文件，同时也会保存工程文件。但是需要说明的是，文件存盘时，工程文件不像 Protel 99 SE 那样，所有设计时生成的文件都会保存在工程文件中，而是每个生成文件都有自己的独立文件。

注意
....

虽然 Altium Designer 10.0 支持单个文件，但是正规的电子设计，还是需要建立一个工程文件来管理所有设计中生成的文件。

任务实施

在相关知识中介绍了文件结构和文件管理系统。下面进行实际的文件操作。

1．建立和保存工程文件

（1）创建一个设计工程文件，保存该文件并命名为 My First Project。选择"文件" | "新的" | "工程" | "PCB 工程"命令创建一个工程文件，如图 2-4 所示。

图 2-4　新建工程的命令

（2）选择"文件"｜"保存工程为"命令，弹出一个对话框，进行工程的保存，如图 2-5 所示。假设保存在硬盘一个分区 altium 10 文件夹下面，结果如图 2-6 所示。

图 2-5　保存工程文件

图 2-6　创建工程文件

2．自由文档和工程文件的变换

（1）选择"文件"｜"新的"｜"原理图"命令，可以创建一个原理图文件，如图 2-7 所示。

（2）创建后的项目面板如图 2-8 所示。

图 2-7　创建原理图文件

图 2-8　创建后的项目面板

（3）移除原理图文件。从工程文件中移除原理图文件，如图 2-9 所示，让其变为自由文档，如图 2-10 所示。

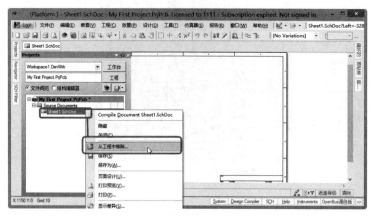

图 2-9　移除原理图文件

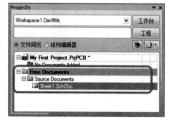

图 2-10　自由文档面板

注意

　　原理图文件从工程文件中移除后，变为了自由文档，可以将自由文档变为工程文件。具体方法：在原理图文件 Sheet.SchDoc 上面按住鼠标左键，然后将其拖动到工程文件中，即可将自由文档变为工程文件。

任务评价

　　在任务实施完成后，读者可以填写表 2-1，检测一下自己对本任务的掌握情况。

表 2-1　任务评价

任务名称		学　　时	2
任务描述		任务分析	
实施方案		教师认可：	
问题记录	1. 2. 3.	处理方法	1. 2. 3.

续表

	评价项目		评价标准	学生自评（20%）	小组互评（30%）	教师评价（50%）
成果评价	1.	1.	（×%）			
	2.	2.	（×%）			
	3.	3.	（×%）			
	4.	4.	（×%）			
	5.	5.	（×%）			
	6.	6.	（×%）			
教师评语	评　语： 　　　　　　　　　　　　　成绩等级：　　　　　　　　教师签字：					
小组信息	班　　级		第　组	同组同学		
	组长签字		日　　期			

任务 2　认识 Altium Designer 10.0 的原理图和 PCB 设计系统

任务描述

本任务将介绍 Altium Designer 10.0 的原理图和 PCB 设计系统，这是学习电路设计必须要掌握的知识。通过本任务的学习，要学会创建工程文件、原理图文件、原理图库文件、PCB 文件、PCB 库文件等 5 种文件。

本任务从新建一个工程文件开始，然后在工程文件中新建理图文件、原理图库文件、PCB 文件、PCB 库文件来进行讲述。

相关知识

Altium Designer 10.0 作为一款电路设计软件，主要包含四个组成部分：原理图设计系统、PCB 设计系统、电路仿真系统、可编程逻辑设计系统。

（1）Schematic：电路原理图绘制部分，提供超强的电路绘制功能。设计者不但可以绘制电路原理图，还可以绘制一般的图案，也可以插入图片，对原理图进行注释。原理图设计中的元件由元件符号库支持；对于没有符号库的元件，设计者可以自己绘制元件符号。

（2）PCB：印制电路板设计部分，提供超强的 PCB 设计功能。 Altium Designer 10.0 有完善的布局和布线功能，尽管 Protel 的 PCB 布线功能不能说是最强的，但是它的简单易用使得软件具有最强的亲和力。PCB 需要由元件封装库支持；对于没有封装库的元件，设计者可以自己绘制元件封装。

（3）SIM：电路仿真部分。在电路图和印制电路板设计完成后，需要对电路设计进行仿真，以便检查电路设计是否合理，是否存在干扰。

（4）PLD：可编程逻辑设计部分。本书对这部分功能不做讲述。

本任务重点介绍 PCB 和原理图设计系统。详细内容将在任务实施部分进行介绍。

建立 5 个文件

任务实施

1．新建一个工程文件

新建工程文件的方法有以下两种：

（1）在 Altium Designer 10.0 默认的 Files 面板中选择"新的"|Blank Project（PCB）（PCB 工程），如图 2-11 所示。

（2）选择"文件"|"新的"|"工程"|"PCB 工程"命令，如图 2-4 所示。

通过以上两种方式建立的工程文件如图 2-12 所示。

图 2-11　新建工程文件

图 2-12　工程文件

工程文件建立好后，可以在工程文件中建立单个文件。

2．在工程项目中新建原理图文件

新建原理图文件的操作步骤如下：

（1）在工程文件 PCB_Project1.PrjPCB 上右击，在弹出的快捷菜单中选择"给工程添加新的"｜ Schematic 命令，如图 2-13 所示。

图 2-13　新建原理图的菜单

（2）执行前面的菜单命令后将在 PCB_Project1.PrjPCB 工程中新建一个原理图文件，该文件将显示在 PCB_Project1.PrjPCB 工程文件中，被命名为 Sheet1.SchDoc，并自动打开原理图设计界面，该原理图文件进入编辑状态，如图 2-14 所示。

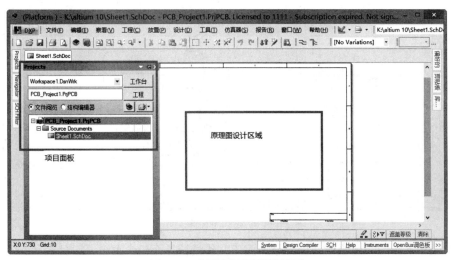

图 2-14　新建原理图设计界面

和 Protel 家族的其他软件一样，原理图设计界面包含菜单、工具栏和工作窗口，在原理图设计界面中默认的工作面板是 Projects 面板。

3．在工程文件中新建原理图元件库文件

原理图设计时使用的是元件符号库。所谓原理图库文件是指元件符号库文件。

新建原理图元件库文件的步骤如下：

（1）在工程文件 PCB_Project1.PrjPCB 上右击，在弹出的快捷菜单中选择"给工程添加新的" | "Schematic Library"命令，如图 2-15 所示。

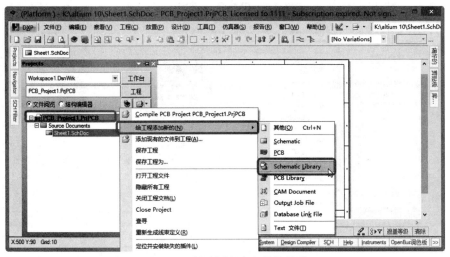

图 2-15　新建原理库文件的菜单

（2）执行前面的菜单命令后将在 PCB_Project1.PrjPCB 工程中新建一个原理图库文件，该文件将显示在 PCB_Project1.PrjPCB 工程文件中，被命名为 SchLib 1.SchLib，并自动打开原理

图库设计界面，该原理图库文件进入编辑状态，如图 2-16 所示。

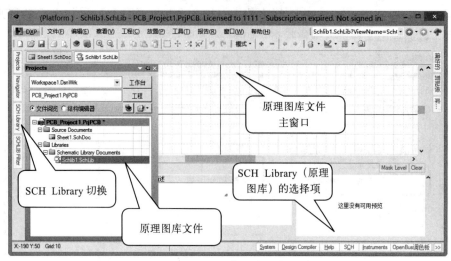

图 2-16　原理图库文件设计界面

和 Protel 家族的其他软件一样，原理图库文件设计界面包含菜单、工具栏和工作窗口，在原理图库设计界面中默认的工作面板是 Projects 面板。不过和原理图设计界面不同，在左下角将显示 SCH Library（原理图库）的选择项，单击该项后正式进入原理图库文件的编辑。

4．在工程文件中新建 PCB 文件

建立工程文件后，可以在工程文件中新建 PCB 文件，进入 PCB 设计界面。

操作步骤如下：

（1）在工程文件 PCB_Project 1.PrjPCB 上右击，在弹出的快捷菜单中选择"给工程添加新的"|PCB 命令，如图 2-17 所示。

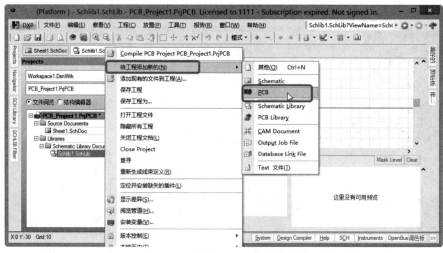

图 2-17　新建 PCB 文件的菜单

（2）执行前面的菜单命令后将在 PCB_Project 1.PrjPCB 工程中新建一个 PCB 文件，该文件将显示在 PCB_Project 1.PrjPCB 工程文件中，被命名为 PCB 1.PcbDoc，并自动打开 PCB 印制电路板设计界面，该 PCB 文件进入编辑状态，如图 2-18 所示。

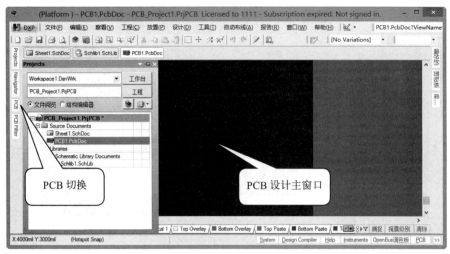

图 2-18　PCB 文件的设计界面

此时的激活设计工程仍然是 PCB_Project1.PrjPCB。不过和原理图设计界面不同，在左下角将显示 PCB 的选择项，单击该选项后正式进入 PCB 文件的编辑。

5．在工程文件中新建 PCB 封装库文件

PCB 设计时使用的是元件封装库。没有元件封装库，元件将不会出现。如果从原理图转换为 PCB 时只会出现元件名称而没有元件的外形封装。

操作步骤如下：

（1）在工程文件 PCB_Project 1.PrjPCB 上右击，在弹出的快捷菜单中选择"给工程添加新的"|PCB Library 命令，如图 2-19 所示。

（2）执行前面的菜单命令后将在 PCB_Project 1.PrjPCB 工程中新建一个 PCB 库文件，该文件将显示在 PCB_Project 1.PrjPCB 工程文件中，被命名为 PCBLib 1.PcbLib，并自动打开 PCB 库文件设计界面，该 PCB 库文件进入编辑状态，如图 2-20 所示。

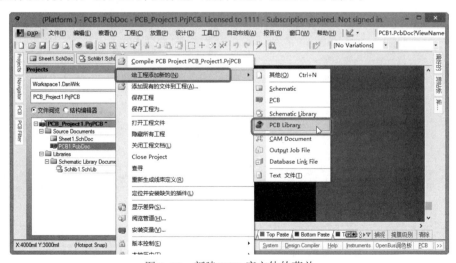

图 2-19　新建 PCB 库文件的菜单

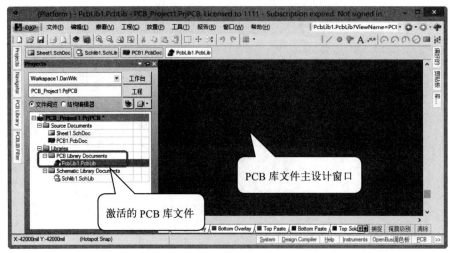

图 2-20　PCB 库文件设计界面

Altium Designer 10.0 中的常见设计界面至此已经介绍完毕，它们都有一些共同的组成：菜单、工具栏、工作面板和工作窗口。随着设计内容的不同，所有的组成部分将会有所不同，详细的内容将在以后的其他项目中介绍。

任务评价

在任务实施完成后，读者可以填写表 2-2，检测一下自己对本任务的掌握情况。

表 2-2　任务评价

任务名称			学　　时		2	
任务描述			任务分析			
实施方案				教师认可：		
问题记录	1.		处理方法	1.		
	2.			2.		
	3.			3.		
成果评价	评价项目	评价标准	学生自评（20%）	小组互评（30%）		教师评价（50%）
	1.	1.　　（×%）				
	2.	2.　　（×%）				
	3.	3.　　（×%）				
	4.	4.　　（×%）				
	5.	5.　　（×%）				
	6.	6.　　（×%）				

续表

教师评语	评 语：			成绩等级：	教师签字：
小组信息	班 级	第 组	同组同学		
	组长签字		日 期		

自 测 题

1. Altium Designer 10.0 文件结构如何？

2. Altium Designer 10.0 单个文件的扩展名是什么？

3. Altium Designer 10.0 的文件系统包含哪些？

4. Altium Designer 10.0 的工程文件和单个文件的建立方法是什么？

5. 上机操作：建立一个工程文件，并在工程文件中建立单个文件。

项目 3

PCB 电路设计快速入门

项目描述

本项目分 7 个任务对原理图和 PCB 的设计进行介绍和操作。在本项目中首先介绍了工程文件的建立，原理图中库文件的安装；然后介绍了原理图中网络标号和导线连接的区别；介绍了原理图转换为 PCB 的方法；还介绍了 555 定时电路中元件的查找、删除，元件的绘制，元件的旋转，元件的布局和 PCB 板子形状的绘制；PCB 中元件的自动布线、手动布线，以及给板子敷铜等操作。

项目目标

本项目主要介绍原理图和 PCB 设计快速入门的基本知识。通过学习，希望读者达到以下要求：

（1）了解原理图的组成。

（2）了解原理图的总体设计流程。

（3）熟悉原理图设计界面。

（4）掌握原理图图纸设置的要点。

（5）掌握原理图中的视图和编辑操作。

（6）掌握元件绘制的方法。

（7）掌握 PCB 板子形状绘制的方法。

（8）掌握 PCB 自动布线的方法。

（9）掌握 PCB 的布线规则设置方法。

（10）掌握 PCB 手动布线的方法。

（11）掌握 PCB 敷铜的方法。

任务 1　比较原理图用导线连接和用网络标号连接的 PCB 效果

任务描述

在学习 Altium Designer 10.0 制作 PCB 时，需要了解 PCB 的设计过程。首先是工程文件的建立，然后是原理图的设计，最后才是 PCB 的设计。

相关知识

1．工程文件的建立

在做项目时，首先需要建立工程文件，然后在工程文件中创建原理图和 PCB 文件。

操作步骤如下：

（1）选择"文件"｜"新的"｜"工程"｜"PCB 工程"命令，创建一个 PCB 工程文件，如图 3-1 所示。

（2）然后在创建的工程文件上，右击，在弹出的快捷菜单中选择"给工程添加新的"｜ Schematic 命令，如图 3-2 所示，会增加一个原理图文件，如图 3-3 所示。执行同样的操作，再增加一个原理图文件。

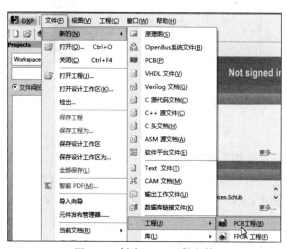

图 3-1　创建 PCB 工程文件

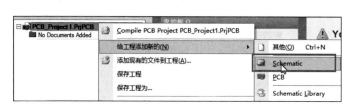

图 3-2　增加原理图文件

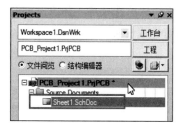

图 3-3　增加的原理图文件

（3）再增加 PCB 文件，选择"给工程添加新的"｜ PCB 命令，会在项目中增加一个 PCB 文件；执行同样的操作，再增加一个 PCB 文件。如图 3-4 所示。

（4）此时项目面板中的文件如图 3-5 所示。

图 3-4　增加 PCB 文件

图 3-5　项目面板中的文件

（5）将创建好的 5 个工程文件，全部保存，选择"保存工程为"命令，如图 3-6 所示。

（6）在 AD-1 下面保存这几个文件，如图 3-7 所示。

图 3-6　保存工程为

图 3-7　保存文件

（7）保存文件。

2．安装原理图库文件

操作步骤如下：

（1）创建工程文件后，打开原理图文件，然后打开"库"面板；发现库面板是空白的，需要安装库文件，如图 3-8 所示。

（2）单击"库"按钮，然后切换到"已安装"选项卡，发现是空的，如图 3-9 所示。

（3）单击下面的"安装"按钮，找到这个软件的库文件路径，然后选择库，并单击打开，如图 3-10 所示，按此操作，即可完成安装。

图 3-8　空白的库面板

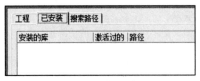

图 3-9　空的库

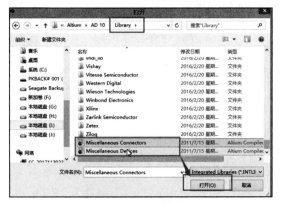

图 3-10　安装库

3．原理图的简单绘制

前面已经安装了元件库，打开原理图库面板，将元件放置在原理图中即可。

操作步骤如下：

（1）回到原理图文件中，任意找两个元件来完成。找到一个三极管 2N3904（见图 3-11），可以通过 3 种方式，将其放置在原理图中：双击选中元件，或者用鼠标左键按住将其拖出来，或单击 Place 按钮也可以放置。

（2）再拖一个元件 ADC-8 到原理图中，元件放在原理图中后，可以按键盘上的【PageUp】和【PageDown】键放大和缩小显示的窗口，如图 3-12 所示。

（3）元件放在原理图中后，可以用导线来连接，也可以用网络标号来连接。下面先用导线来连接：单击画线工具栏中的画导线工具，用这个线来连接元件的引脚，如图 3-13 所示。

（4）单击画线工具后，光标会带着一个灰色的叉标记出现在窗口中，移动这个叉标记到三极管的集电极上，会出现一个红色的叉标记，如图 3-14 所示。

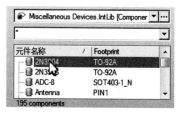

图 3-11　放置元件

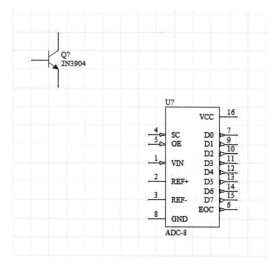

图 3-12　放置元件在原理图中

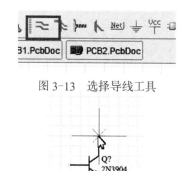

图 3-13　选择导线工具

图 3-14　出现红色的叉标记

（5）单击左键开始连接，然后移动到 ADC-8 的 4 引脚上连接起来，如图 3-15 所示。同样的方法，连接发射极和 ADC-8 的 1 引脚，如图 3-16 所示。

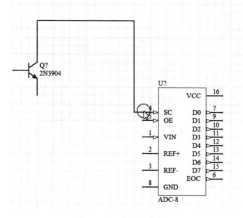

图 3-15　导线连接一

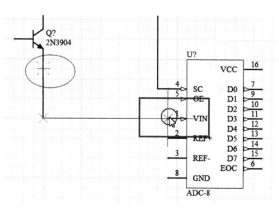

图 3-16　导线连接二

（6）保存原理图。

4．PCB 的制作

在原理图绘制完成后，可以将原理图的网络表更新到 PCB 中。操作步骤如下：

（1）选择"设计"｜ Update PCB Document PCB1.
PcbDoc 命令，如图 3-17 所示。

（2）弹出"工程更改顺序"对话框，单击"生效更改"
按钮，如图 3-18 所示。

图 3-17　更新到 PCB

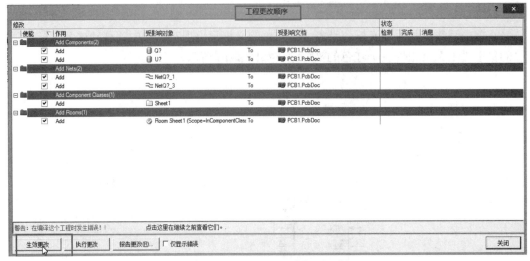

图 3-18　"工程更改顺序"对话框

（3）状态栏检测显示如图 3-19 所示。

（4）再单击"执行更改"按钮，状态栏完成显示如图 3-20 所示。

（5）单击"关闭"按钮，在 PCB 文件中已经出现了元件和导线，如图 3-21 所示。

图 3-19　状态栏检测显示

图 3-20　状态栏完成显示

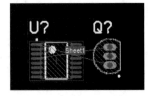

图 3-21　PCB 中的元件和导线

（6）按【Space】键将三极管旋转一下，如图 3-22 所示。

（7）选择"自动布线"｜"全部"命令，如图 3-23 所示。

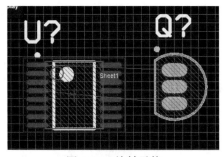

图 3-22　旋转元件

图 3-23　选择自动布线

（8）弹出一个对话框，单击 Route All 按钮，如图 3-24 所示，然后开始自动布线。

（9）布线的效果图如图 3-25 所示。

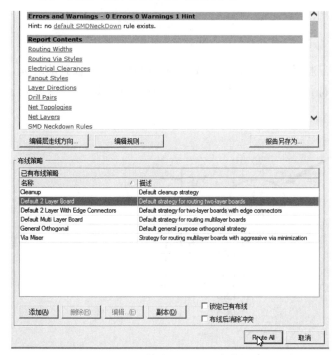

图 3-24　单击 Route All 按钮

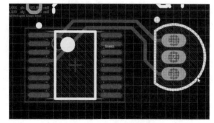

图 3-25　布线的效果图

任务实施

比较两种方法连接原理图元件并转换为 PCB

通过前面的介绍，已经了解了原理图元件的导线连接方法。在下面的上机操作中将要完成两个操作。

（1）完成原理图元件的导线连接，并转换成 PCB 实现自动布线。

（2）完成原理图元件的网络标号连接，并转换成 PCB 实现自动布线。

下面介绍网络标号连接的操作方法。

（1）用同样的方法拖动两件元件到第二个原理图中，然后选择画线工具栏中的 NET 按钮，通过它来进行元件的连接，如图 3-26 所示。

初步了解 AD
软件的使用

（2）按键盘上的【Tab】键，出现"网络标签"对话框，在"网络"文本框中将名称改为SC，如图 3-27 所示。

图 3-26　选择 NET 按钮　　　　　　　　　　图 3-27　更改网络名称

（3）然后将这个 SC 网络标号放到三极管的集电极和集成块的 4 引脚上。在放置的时候，移动光标到引脚上会出现一个红色的叉标记，此时，单击左键即可完成放置，如图 3-28 所示。

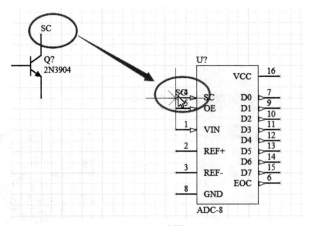

图 3-28　放置 SC

（4）此时，这两个相同的网络标号，已经有电气连接了。

（5）同样的方法再放置另一个网络标号 VIN，放置完成后的原理图如图 3-29 所示。

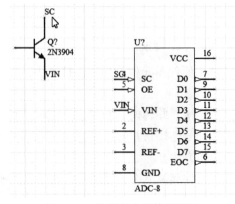

图 3-29　放置完成后的原理图

（6）通过网络标号放置来连接元件，原理图会变得非常简洁，不需要连接很多的导线。

（7）保存原理图。选择"设计" | Update PCB Document PCB2.PcbDoc 命令，如图 3-30 所示。

图 3-30　选择 PCB2

（8）弹出"工程更改顺序"对话框，发现有 4 个元件，如图 3-31 所示。而原理图 2 中只有两个元件，因此，需要将第一个原理图文件暂时移除工程中，如图 3-32 所示。

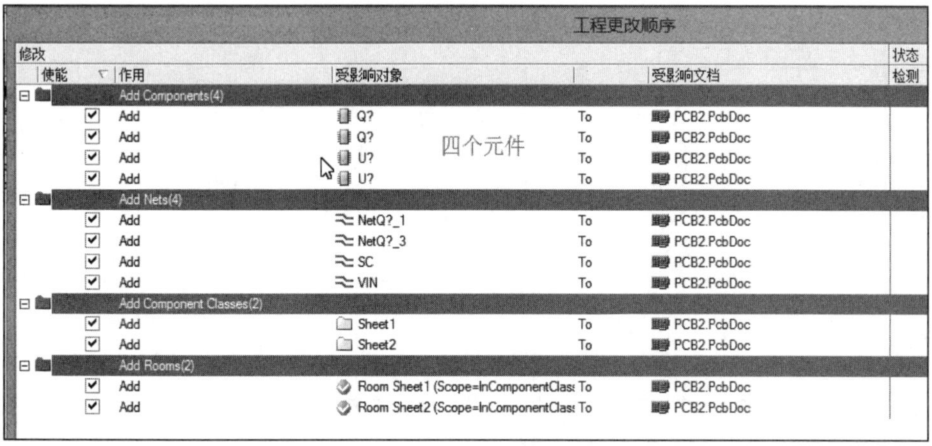

工程更改顺序

图 3-31　出现 4 个元件

（9）移除后，再次执行更改 PCB2，然后按前面介绍的方法进行操作，执行布局布线，效果如图 3-33 所示。

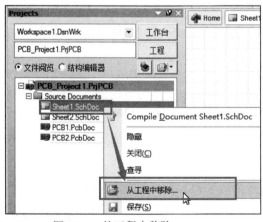

图 3-32　从工程中移除

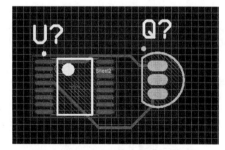

图 3-33　PCB2 的布局布线效果

（10）最后，可以将第一个原理图文件拖回到工程项目中。

（如果有不明白的地方，可以查看我们录制的操作视频。）

✦任务评价

在任务实施完成后，读者可以填写表 3-1，检测一下自己对本任务的掌握情况。

表 3-1 任务评价

任务名称				学　时		2	
任务描述				任务分析			
实施方案				教师认可：			
问题记录	1. 2. 3.			处理方法		1. 2. 3.	
成果评价	评价项目		评价标准	学生自评（20%）	小组互评（30%）		教师评价（50%）
	1.		1.　　（×%）				
	2.		2.　　（×%）				
	3.		3.　　（×%）				
	4.		4.　　（×%）				
	5.		5.　　（×%）				
	6.		6.　　（×%）				
教师评语	评　语： 　　　　　　　　成绩等级：　　　　　　教师签字：						
小组信息	班　级		第　组	同组同学			
	组长签字			日　期			

任务 2　555 定时电路原理图元件的基本操作

任务描述

本任务将介绍原理图元件库的加载和删除，元件的放置和删除，元件的查找。

相关知识

555 电路绘制

1．建立工程和原理图文件

（1）建立工程文件，如图 3-34 所示。

（2）为工程新建原理图，如图 3-35 所示。

（3）保存工程文件，如图 3-36 所示。

图 3-34　建立工程文件

图 3-35　增加原理图文件

2．元件库的删除和安装

（1）选择"设计"｜"添加和移除库"命令，打开"可用库"对话框，找到需要删除的库，单击"删除"按钮即可，如图 3-37 所示。

图 3-36　保存工程文件

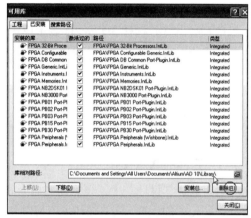

图 3-37　删除库

（2）如删除电阻和电容元件库后，会发现电阻和电容元件已经没有了，如图 3-38 所示。

（3）如果要安装元件库，则在图 3-37 中单击"安装"按钮，然后需要找到库文件的路径，找到电阻和电容元件，连接元件库，单击"打开"按钮即可完成这两个库的安装，如图 3-39 所示。

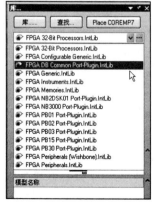

图 3-38　只有 FPGA 的元件库

图 3-39　"打开"对话框

（4）单击"安装"按钮，同时选取并打开，安装完成后如图 3-40 所示。

（5）到库面板中，单击库列表的下拉箭头，选择需要的库，如图 3-41 所示。

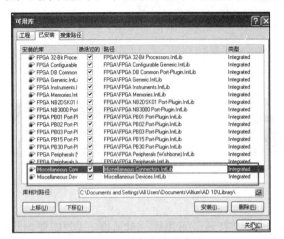 

图 3-40　两个库安装完成　　　　　　　图 3-41　选择电阻电容元件的库

（6）可以选择 3D 或 2D 显示，如图 3-42 所示。

（7）右击，选择 3D 或 2D 显示模式。2D 显示元件如图 3-43 所示。

图 3-42　3D 显示元件　　　　　　　　　图 3-43　2D 显示元件

3．元件的基本操作

（1）选择"设计"｜"浏览库"命令，即可打开库面板，如图 3-44 所示。

（2）元件的放置。打开库面板，可以将元件拖动、双击、放置到原理图中，如图 3-45 所示。

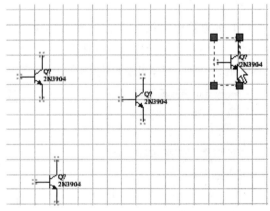

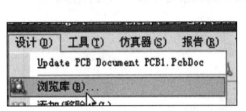

图 3-44　打开库面板　　　　　　　　　图 3-45　放置的元件

（3）元件的删除。用鼠标左键选择元件，然后按【Delete】键即可删除元件。

（4）元件的快速查找。"*"代表所有的元件。去掉"*"，然后输入字母来查找元件，如图 3-46 所示。

（5）查找电阻元件。在文本框中输入 R，即可显示所有的电阻元件，如图 3-47 所示。拖动一个电阻元件到原理图中。

（6）将这个元件拖动到原理图中后，可以按键盘上的【PageUp】键将元件的显示视图放大，如图 3-48 所示。

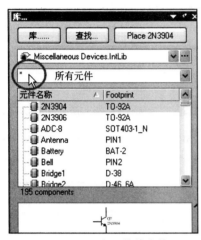

图 3-46 已有元件的查找

图 3-47 查找电阻元件

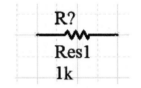

图 3-48 将元件显示放大

4．元件的属性设置

（1）双击元件，可以设置元件的属性，如图 3-49 所示。

图 3-49 元件属性设置对话框

（2）在图 3-50 中 Designator 中的 R？是指元件标号。注意，这个元件标号是不能缺少的，否则，在 PCB 中这个元件的引脚将没有飞线，即没有电气连接特性。可以给它命名如 R1、

R2、R3 等。

图 3-50 中的 Comment 是元件的说明，如元件的种类描述、显示名称等。这个如果不选中后面的复选框，则不会显示出来。

（3）图 3-51 中的 Value 是指电阻的容量值，用户可以根据电路的要求自行更改。

图 3-50 元件说明

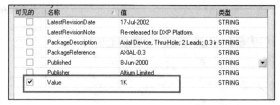

图 3-51 电阻的容量值

（4）图 3-52 中的区域是电阻的封装名称。可以在这个区域增加元件的封装或修改元件的封装。

（5）单击 Edit 按钮可以查看有无封装，也可以修改封装；单击 Add 按钮可以增加元件的封装。

（6）修改元件的标识。将元件的标识修改为 R1，如图 3-53 所示。

（7）修改后的元件如图 3-54 所示。

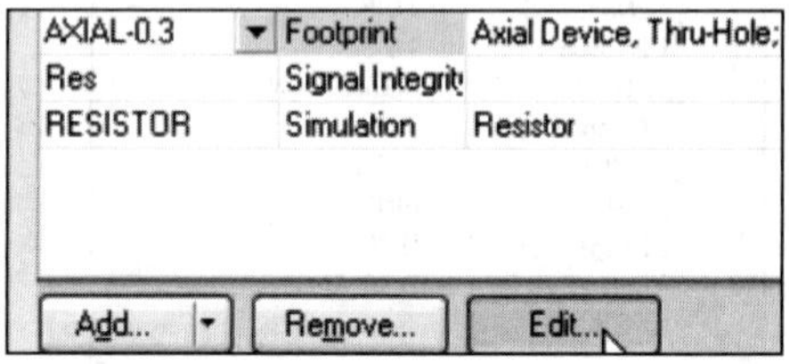

图 3-52 元件封装区域

图 3-53 修改元件的标识

图 3-54 修改后的元件

5．元件的对齐

（1）再拖动几个元件，执行元件的对齐操作。

（2）选择几个元件，选择"编辑"｜"对齐"｜"左对齐"命令，可以将元件左对齐，如图 3-55 所示。

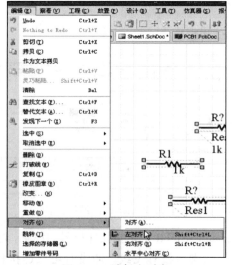

图 3-55 选择左对齐

6．元件的查找

（1）单击"库"面板中的"查找"按钮，即可打开"查找"元件的对话框，如图 3-56 所示。

（2）搜索库的面板如图 3-57 所示。

图 3-56　单击"查找"按钮

图 3-57　搜索库的面板

其中，equals 是等于的意思，contains 是包含的意思。

（3）选择 contains，然后输入 555 的名称，在下面的"可用库"和"库文件路径"中，一般选择"库文件路径"单选按钮，如图 3-58 所示。

（4）设置好后，即可单击"查找"按钮开始查找，如图 3-59 所示。

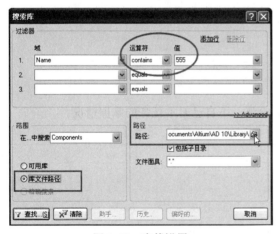

图 3-58　查找设置

图 3-59　搜索 555 元件的文件路径

（5）通过查找，没有找到该 555 元件，如图 3-60 所示。实际上，只要安装了库文件，就是可以查找到的，只是由于没有安装 555 的库文件，所以没有找到，因此只能自行绘制。

7．元件的引脚颠倒

（1）在 Miscellaneous Connectors.IntLib 库中查找连接座，可以查找得到。将找到的 Header 3X2A 元件拖动到原

图 3-60　没有找到该 555 元件

理图中，如图 3-61 所示。

（2）这个元件的引脚顺序从上到下是 1，2，3，4，5，6，可以将元件的引脚进行上下颠倒。将输入法切换到纯英文输入法，用鼠标左键按住要转换的元件并按下【Y】键，则元件的引脚进行了上下颠倒；如果按【X】键，则可以左右颠倒，如图 3-62 所示。

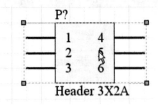
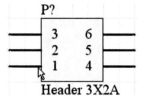

图 3-61　拖动元件到原理图　　　　　图 3-62　颠倒引脚的元件

任务实施

对原理图进行基本操作

前面介绍了原理图的基本操作，其中有元件的放置、查找，元件的属性设置，元件的对齐、旋转等。下面进行实际操作：

（1）加载或删除库。

（2）放置元件。

（3）查找元件。

（4）元件属性设置。

（5）元件的对齐。

（6）元件的引脚旋转。

任务评价

在任务实施完成后，读者可以填写表 3-2，检测一下自己对本任务的掌握情况。

表 3-2　任务评价

任务名称		学　　时	2
任务描述		任务分析	
实施方案		教师认可：	
问题记录	1. 2. 3.	处理方法	1. 2. 3.

续表

	评价项目	评价标准	学生自评（20%）	小组互评（30%）	教师评价（50%）
成果评价	1.	1. （×%）			
	2.	2. （×%）			
	3.	3. （×%）			
	4.	4. （×%）			
	5.	5. （×%）			
	6.	6. （×%）			
教师评语	评 语： 成绩等级： 教师签字：				
小组信息	班 级		第 组	同组同学	
	组长签字		日 期		

任务 3　元件的绘制

任务描述

在前面的任务中已经完成了原理图元件的基本操作，并进行了元件的查找。由于没有安装 555 元件库，所以，只能自己绘制这个元件。下面就介绍绘制方法，后续内容将会对元件的绘制进行专门介绍，此处只是简要介绍。

相关知识

元件绘制的步骤：

（1）建立原理图元件库。

（2）绘制元件的方框。

（3）放置元件的引脚并对引脚进行设置。

下面按顺序进行介绍。

1．建立原理图元件库

在项目面板上增加一个原理图元件库，右击工程文件，在弹出的快捷菜单中选择"给工程添加新的" ｜ Schematic Library 命令，如图 3-63 所示。

图 3-63　建立原理图元件库

2．绘制元件的方框

（1）单击绘图工具栏中的"放置矩形"图标，如图 3-64 所示。

（2）在元件绘制的主窗口中绘制一个矩形，如图 3-65 所示。

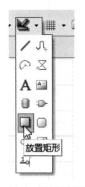

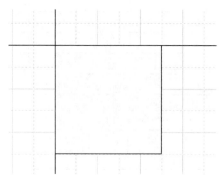

图 3-64　单击"放置矩形"图标　　　　　　　图 3-65　绘制矩形

3．放置元件的引脚并对引脚进行设置

（1）单击"放置引脚"图标，如图 3-66 所示。

（2）单击放置引脚后，可以按键盘上的【Tab】键，会弹出引脚属性对话框，进行引脚属性设置；也可以放置引脚后，双击引脚来进行设置。

（3）如第 1 脚，标识为 1，显示的名称为 GND，电气类型为 Power（passive 是无输入输出特性），设置引脚的长度为 10，如图 3-67 所示。

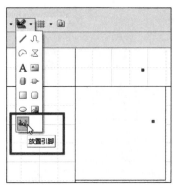

图 3-66　单击"放置引脚"图标　　　　　　　图 3-67　设置引脚属性

（4）设置完成后，可以放置引脚。

> **注意**
>
> 放置引脚的 × 一定要放在方框的外面，不能与方框相连，否则不能通电，没有电气连接。

首先设置一下元件库窗口的捕捉格点，右击，在弹出的快捷菜单中选择"选项"｜"文档选项"命令，如图 3-68 所示。

（5）在弹出的对话框中，设置捕捉格点为 1，如图 3-69 所示。

图 3-68　选择"文档选项"命令

图 3-69　设置捕捉格点

注意

一定要设置捕捉格点为 1，否则不好调整引脚的位置，特别是很多引脚的元件。

（6）放置第 1 引脚 GND，如图 3-70 所示。

（7）按同样的方法设置第 2 引脚 TRIG，并放置第 2 引脚，如图 3-71 所示。

（8）放置第 3 引脚 Q，如图 3-72 所示。

图 3-70　放置第 1 引脚

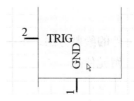

图 3-71　放置第 2 引脚

（9）放置第 4 引脚 R，如图 3-73 所示。放置第 4 引脚时，要注意第 4 引脚有个小圆圈，这个需要设置属性。将引脚符号外部的属性设置为 Dot，如图 3-74 所示。设置完成后，单击"确定"按钮，这样就会出现一个小圆圈，然后放置即可。

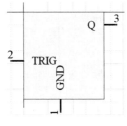

图 3-72　放置第 3 引脚

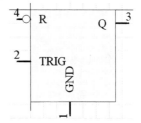

图 3-73　放置第 4 脚

（10）放置第 5 引脚 CVolt、第 6 引脚 THR、第 7 引脚 DIS、第 8 引脚 VCC，放置后的效果如图 3-75 所示。

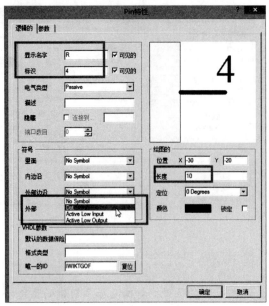

图 3-74　设置引脚属性

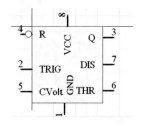

图 3-75　放置后的效果

（11）保存元件库。

任务实施

绘制 555 元件

前面介绍了元件的绘制方法，下面进行实际操作：

（1）建立原理图元件库。

（2）绘制元件的方框。

（3）放置引脚并设置引脚的属性。

任务评价

在任务实施完成后，读者可以填写表 3-3，检测一下自己对本任务的掌握情况。

表 3-3　任务评价

任务名称		学　　时	2
任务描述		任务分析	
实施方案		教师认可：	

续表

问题记录	1.	处理方法	1.
	2.		2.
	3.		3.

成果评价	评价项目	评价标准	学生自评（20%）	小组互评（30%）	教师评价（50%）
	1.	1. （×%）			
	2.	2. （×%）			
	3.	3. （×%）			
	4.	4. （×%）			
	5.	5. （×%）			
	6.	6. （×%）			

教师评语	评　语：			
		成绩等级：		教师签字：

小组信息	班　　级		第　组	同组同学	
	组长签字		日　期		

任务 4　元件库的安装及原理图的后续操作

任务描述

在前面任务中已经完成了 555 元件的绘制，要完成原理图的绘制，还需要将这个自己绘制的元件进行安装。前面介绍了集成元件库的安装，下面介绍这个自制元件的安装方法。

相关知识

1．打开可用库面板

安装自己绘制的元件库。首先需要单击库面板中的"库"或者选择"设计"|"添加/移除库"命令，这样会弹出可用库的对话框，如图 3-76 所示。

2．安装库

（1）单击"安装"按钮，开始查找库元件。在"打开"对话框中，没有元件库；单击文件类型后面的下拉按钮，在下拉菜单中选择 All Files 命令，如图 3-77 所示。

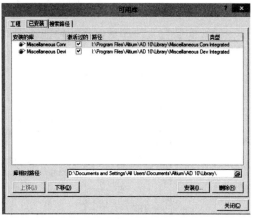

图 3-76　"可用库"对话框

图 3-77　选择　All　Files 命令

（2）自己绘制的元件库已经显示出来了，找到它并单击"打开"按钮即可安装这个元件库，如图 3-78 所示。

（3）需要的元件库已经安装成功了，如图 3-79 所示。

图 3-78　找到元件库

图 3-79　安装成功的元件库

（4）安装完元件库后，将元件拖动到原理图中，如图 3-80 所示。

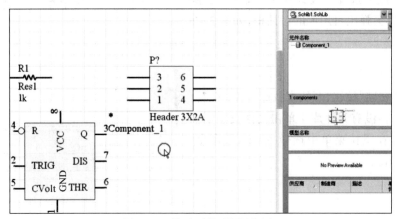

图 3-80　拖动元件到原理图中

3．给元件增加封装

（1）双击元件，弹出元件属性对话框，设置元件的标识为 U1，显示的名称为 555，如图 3-81 所示。

（2）单击 Add 按钮给元件增加封装，如图 3-82 所示。

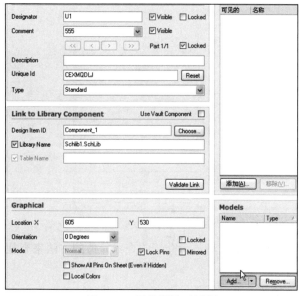

图 3-81　元件属性对话框

图 3-82　给元件增加封装

（3）单击"确定"按钮，弹出"PCB 模型"对话框，如图 3-83 所示。

（4）单击"浏览"按钮，弹出"浏览库"对话框，在"对比度"后面的文本框中输入 DIP-8，在库下拉列表中选择库文件，此时会显示出 8 引脚封装，如图 3-84 所示。

图 3-83　"PCB 模型"对话框

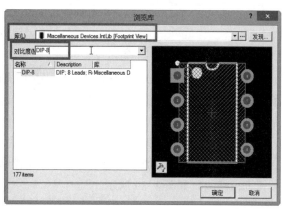

图 3-84　显示封装

（5）找到这个封装后，单击"确定"按钮即可完成封装的添加，如图 3-85 所示。

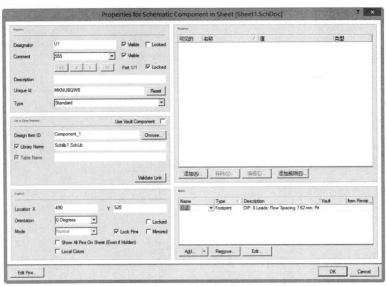

图 3-85　添加封装后的对话框

（6）如果没有安装这个 8 引脚的封装库，则可以参考前面介绍的查找元件的方法来查找元件的封装，如图 3-86 所示。

（7）开始查找，会显示查找到的结果，如图 3-87 所示。

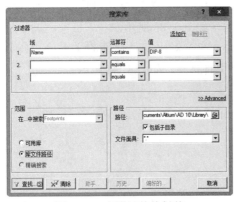

图 3-86　查找元件的封装

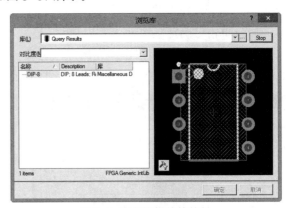

图 3-87　查找封装的结果

4．元件的封装管理器操作

（1）除了一个一个元件增加封装外，还可以通过比较简单的方法来检查元件的封装。选择"工具"｜"封装管理器"命令，如图 3-88 所示。

（2）弹出封装检查对话框，可以一个一个往下面选择检查，没有的则单击"添加"按钮进行添加，或者单击"编辑"按钮进行修改，如图 3-89 所示。

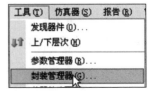

图 3-88　选择"封装管理器"命令

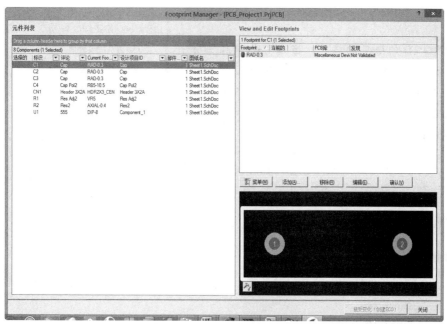

图 3-89　封装检查对话框

（3）将元件全部放置完成后，执行封装检查，可以调整元件的位置，在原理图中进行布局，然后用导线来连接元件引脚。

5. 原理图元件的布局和连线

将元件放置完成后再进行布局布线。对于有些元件的引脚，没有用导线来连接，而是通过网络标号连接的。网络标号的连接方法在前面的内容中曾经介绍过，这里不再重述，连接完成后的原理图如图 3-90 所示。

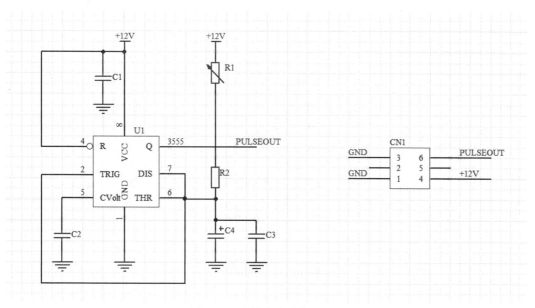

图 3-90　连接完成后的原理图

注意

这个 GND 的地电源端口，当在有些原理图看不到显示的 GND 标号时，一定不要将这个名称在图 3-91 所示的对话框 "网络" 后面文本框中的 GND 删除，它只是没有显示出来而已，实际上是有这个 GND 网络标号的。

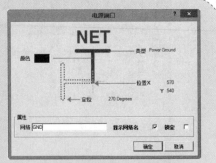

图 3-91 GND 的设置

任务实施

元件库安装、元件封装增加及检查

在前面介绍了元件库的安装及封装处理，下面进行实际操作：

（1）元件库的安装。

（2）元件的封装增加。

（3）原理图元件封装管理器操作。

任务评价

在任务实施完成后，读者可以填写表 3-4，检测一下自己对本任务的掌握情况。

表 3-4　任务评价

任务名称			学　　时		2
任务描述			任务分析		
实施方案			教师认可：		
问题记录	1. 2. 3.		处理方法	1. 2. 3.	
成果评价	评价项目	评价标准	学生自评（20%）	小组互评（30%）	教师评价（50%）
	1.	1.　　（×%）			
	2.	2.　　（×%）			
	3.	3.　　（×%）			
	4.	4.　　（×%）			
	5.	5.　　（×%）			
	6.	6.　　（×%）			

续表

教师评语	评　语：				成绩等级：　　　　　　　　　教师签字：	
小组信息	班　　级		第　组	同组同学		
	组长签字			日　　期		

任务 5　建立 PCB 文件并绘制板子形状

任务描述

在本任务中将完成 PCB 板子形状的绘制。一般的 PCB 默认长度是 6 000 mil（1 mil=0.025 4 mm）和 5 000 mil 的宽度。在这个 PCB 文件中不需要这么大的板子，因为没有几个元件，因此需要对 PCB 板子进行处理。下面具体介绍。

相关知识

1．PCB 板子的外形

要制作的 PCB 板子的外形如图 3-92 所示。

PCB 所要割成的样子：在禁止布线层用走线画出一块封闭的空间分割成一块小面积的 PCB，并且在周围放置 4 个焊盘。

2．在禁止布线层绘制走线

操作步骤如下：

（1）在禁止布线层（见图 3-93）画走线。

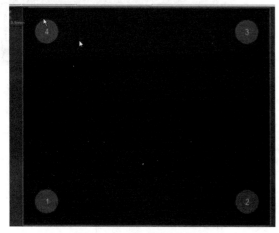

图 3-92　PCB 板子的外形

图 3-93　切换到禁止布线层

（2）选择"放置" | "走线"命令，如图 3-94 所示。

（3）在 PCB 窗口中绘制走线，如图 3-95 所示。

图 3-94　选择"走线"命令

图 3-95　绘制走线

（4）画好一根线后再继续布线，这时就会有一个小的圆圈，再画后面的线都这样画；然后绘制一个正方形的板子，一定要形成一个封闭的图形，不能有断的地方。

3．PCB 板子形状的定义

（1）走线绘制完成后，选择"编辑"｜"选中"｜"全部"命令，如图 3-96 所示。

（2）整个板子形状被选中，如图 3-97 所示。

图 3-96　选择"全部"命令

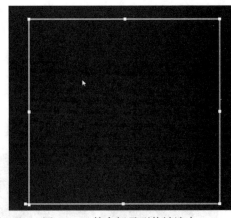

图 3-97　整个板子形状被选中

（3）选择"设计"｜"板子形状"｜"按照选择对象定义"命令，如图 3-98 所示。

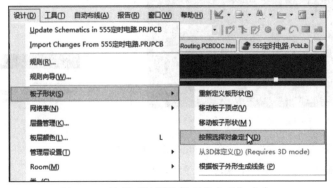

图 3-98　选择"按照选择对象定义"命令

（4）弹出图 3-99 所示对话框，单击 Yes 按钮即可。

（5）经过这几个步骤后，PCB 文件的板子已经绘制出来了，如图 3-100 所示。

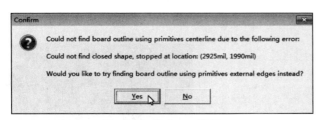

图 3-99　单击 Yes 按钮

图 3-100　绘制完成的板子

4．PCB 安装孔的添加

PCB 的外形绘制出来后，可以给 PCB 添加安装孔。

（1）在 PCB 文件窗口中，右击，在弹出的快捷菜单中选择"选项"｜"板参数选项"命令，如图 3-101 所示。

（2）在弹出的"板选项"对话框中，选择上面的 Metric 单位，这个单位是 mm；下面的单位是 mil（1 mil=0.025 4 mm），如图 3-102 所示。

图 3-101　选择"板参数选项"命令

图 3-102　"板选项"对话框

（3）放置安装孔。放置 4 个焊盘作为安装孔，单击"放置焊盘"图标，如图 3-103 所示。

（4）弹出放置焊盘的对话框，将焊盘的 X-Size、Y-Size、通孔尺寸设置为 4 mm，如图 3-104 所示。

（5）放置安装孔后的 PCB，如图 3-105 所示。

图 3-103　单击"放置焊盘"图标

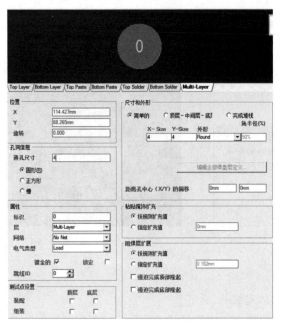

图 3-104　设置焊盘的大小

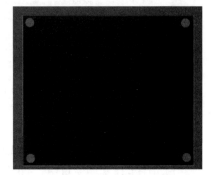

图 3-105　放置安装孔后的 PCB

任务实施

绘制 PCB 的形状

前面介绍了 PCB 绘制和安装孔的添加，下面进行实际操作：

（1）绘制 PCB。

（2）添加安装孔。

任务评价

在任务实施完成后，读者可以填写表 3-5，检测一下自己对本任务的掌握情况。

表 3-5　任务评价

任务名称		学　时	2
任务描述		任务分析	
实施方案		教师认可：	
问题记录	1.	处理方法	1.
	2.		2.
	3.		3.

续表

评价项目		评价标准		学生自评（20%）	小组互评（30%）	教师评价（50%）
成果评价	1.	1.	（×%）			
	2.	2.	（×%）			
	3.	3.	（×%）			
	4.	4.	（×%）			
	5.	5.	（×%）			
	6.	6.	（×%）			
教师评语	评 语： 成绩等级： 教师签字：					
小组信息	班 级		第 组	同组同学		
	组长签字		日 期			

任务 6 PCB 的布局和自动布线

任务描述

将 PCB 的形状定义完成后，可以将原理图更新到 PCB 中，完成 PCB 的后续操作，如布局，自动布线、添加泪滴、敷铜等操作，下面进行具体介绍。

相关知识

1. 原理图更新到 PCB 文件

操作步骤如下：

（1）选择"设计"|Update PCB Document PCB1.PcbDoc 命令，更新到 PCB1 中，如图 3-106 所示。

（2）弹出"工程更改顺序"对话框，如图 3-107 所示。先单击"生效更改"按钮，再单击"执行更改"按钮，如图 3-107 所示。

图 3-106 选择更新到 PCB1

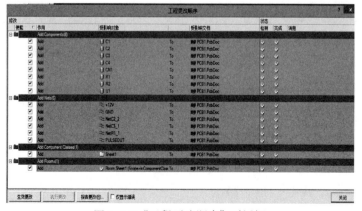

图 3-107 "工程更改顺序"对话框

（3）元件已经更改到 PCB 中了，如图 3-108 所示。

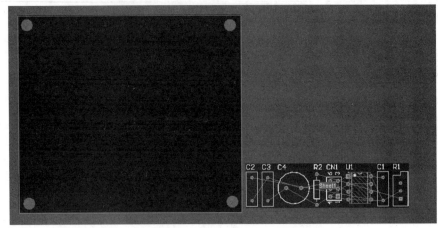

图 3-108　元件更改到 PCB 中

（4）按图 3-109 进行布局调整。

（5）将添加封装的元件拖动到 PCB 中，然后进行移动布局，或者按【Space】键进行旋转。如图 3-110 所示。

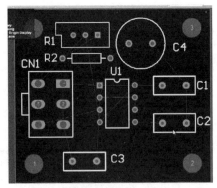

图 3-109　调整元件的布局

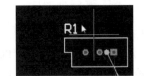

图 3-110　按【Space】键旋转

2．元件的自动布线

1）布线规则的设置

首先增加元件的布线规则的设置。操作步骤如下：

（1）元件布局完成后，可以对元件进行布线。在布线之前，可以设置元件的布线规则。选择"设计" | "规则"命令，如图 3-111 所示。

（2）弹出"PCB 规则及约束编辑器"对话框，在这个对话框中，展开左侧的 Routing 布线规则，然后找到

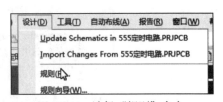

图 3-111　选择"规则"命令

Width（线宽）规则，看这个规则右侧显示的"约束"，可以看到线宽默认宽度是 0.5 mm，最大宽度是 2 mm，原来的默认宽度是 0.254 mm，此处进行了更改。更改后单击"应用"按钮，再单击"确定"按钮，如图 3-112 所示。

图 3-112 "PCB 规则及约束编辑器"对话框

（3）可以在 Width 上面右击，在弹出的快捷菜单中选择"新规则"命令，如图 3-113 所示。

（4）将新产生的规则的名称命名为 +12 V, 在右侧选择"网络"所对应的为"+12 V"，然后设置"约束"的线宽为 1.5 mm, 如图 3-114 所示。

图 3-113　选择"新规则"命令

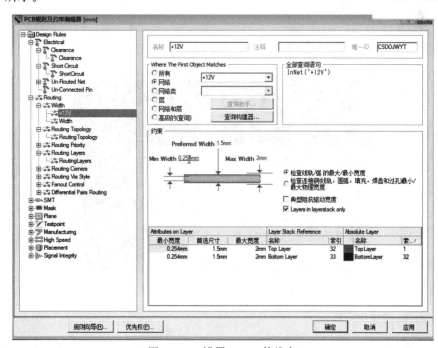

图 3-114　设置 +12 V 的线宽

2）PCB 自动布线

（1）线宽规则设置完成后，可以对 PCB 进行自动布线。选择"自动布线"｜"全部"命令，如图 3-115 所示。

（2）弹出"Situs 布线策略"对话框，在这个对话框中选中"锁定已有布线"和"布线后消除冲突"复选框，然后单击 Route All 按钮则会自动布线，如图 3-116 所示。

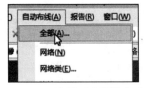

图 3-115　选择"全部"命令　　　　　　　图 3-116　"Situs 布线策略"对话框

（3）出现自动布线的消息对话框和自动布线的显示，如图 3-117 所示。

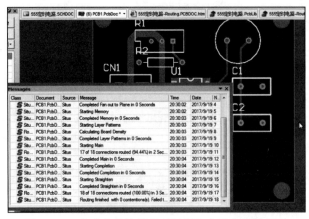

图 3-117　自动布线的消息对话框和自动布线的显示

3．PCB 添加滴泪

（1）添加滴泪的作用是防止 PCB 的焊盘在制作板子，钻孔不会将焊盘相连接的铜箔钻断。

因此，自动布线后，选择"工具"｜"滴泪"命令给 PCB 添加滴泪，如图 3-118 所示。

（2）弹出"泪滴选项"对话框，可以直接单击"确定"按钮，如图 3-119 所示。

图 3-118　选择"滴泪"命令

图 3-119　"泪滴选项"对话框

4．PCB 敷铜

泪滴添加完成后，可以给 PCB 敷铜。

（1）选择"放置"｜"多边形敷铜"命令，如图 3-120 所示。

（2）弹出"多边形敷铜"对话框，选择"填充模式"为 Hatched（Tracks/Arcs），设置轨迹宽度为 1 mm，栅格尺寸为 0.508 mm，"包围焊盘宽度"选择"八角形"单选按钮，"链接到网络"选择 GND 命令，然后下面的下拉菜单选择第 2 项，如图 3-121 所示。

图 3-120　选择"多边形敷铜"命令

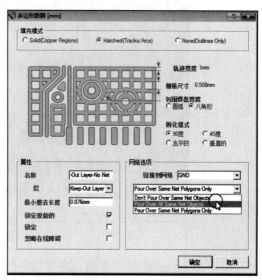

图 3-121　"多边形敷铜"对话框

（3）按图 3-122 所示进行敷铜。

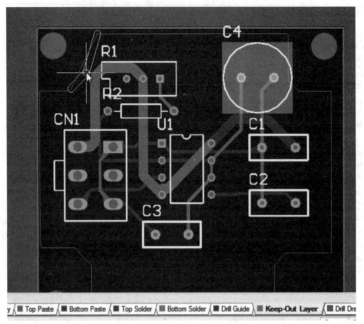

图 3-122　敷铜的走线示意图

（4）敷铜的形状如图 3-123 所示。

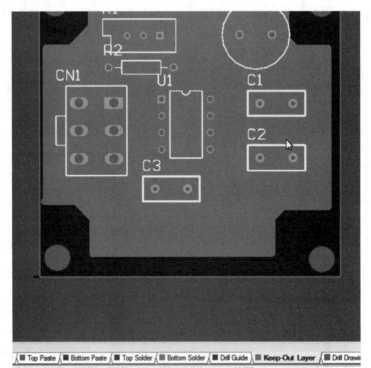

图 3-123　敷铜的形状

（5）图 3-123 的敷铜放在了禁止布线层，需要更改层次。具体方法：双击这个敷铜，然后在弹出的对话框中选择"属性"栏中的层次，将层次更改为 Bottom Layer，如图 3-124 所示。

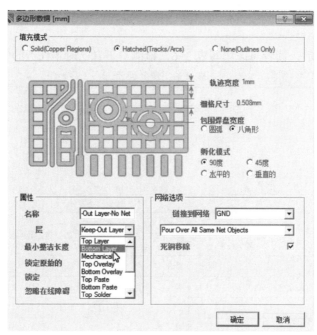

图 3-124　更改敷铜到底层

（6）弹出一个提示对话框，单击 Yes 按钮，如图 3-125 所示。

（7）敷铜后的 PCB 效果如图 3-126 所示。

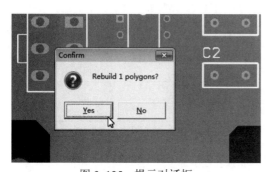

图 3-125　提示对话框

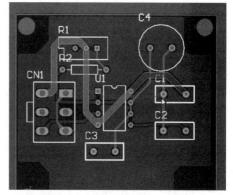

图 3-126　敷铜后的 PCB 效果

这是对 PCB 自动布线的效果，发现布线并不是那么美观，后面会介绍手动布线。

任务实施

PCB 的自动布线

前面介绍了 PCB 自动布线的相关操作，下面进行实际操作：

（1）设计 PCB 的布线规则。

（2）对 PCB 进行自动布线。

（3）添加泪滴。

（4）给 PCB 敷铜。

任务评价

在任务实施完成后，读者可以填写表 3-6，检测一下自己对本任务的掌握情况。

表 3-6　任务评价

任务名称				学　时		2
任务描述				任务分析		
实施方案				教师认可：		
问题记录	1.		处理方法		1.	
	2.				2.	
	3.				3.	
成果评价	评价项目	评价标准	学生自评（20%）	小组互评（30%）		教师评价（50%）
	1.	1.　（×%）				
	2.	2.　（×%）				
	3.	3.　（×%）				
	4.	4.　（×%）				
	5.	5.　（×%）				
	6.	6.　（×%）				
教师评语	评　语：			成绩等级：		教师签字：
小组信息	班　级		第　组	同组同学		
	组长签字			日　期		

任务 7　PCB 的手动布线

任务描述

前面的几个任务中实现了 PCB 的制作，只是布线方式是自动布线。发现 PCB 自动布线时，有些线为了避开短路，需要绕很大一圈，很不美观。因此，可以对 PCB 进行手动布线。下面具体介绍。

相关知识

1．启动"库"面板

（1）当"库"面板消失后，可以重新让"库"面板显示出来。选择窗口右下角的 System │"库"命令可启动"库"面板，如图 3-127 所示。

555 电路补充 2

（2）"库"面板出现了，如图 3-128 所示。

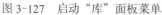

图 3-127　启动"库"面板菜单

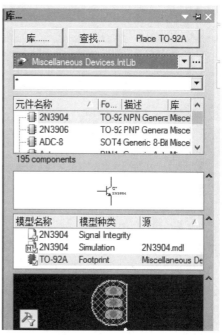

图 3-128　"库"面板

2．元件的封装修改

当直接从集成库中拖动电容到原理图中后，会发现这个电容的封装与提供的示意图的封装不一样，这就需要对电容的封装进行修改。如果放置到原理图中的元件是自己绘制的封装，或者封装正确，则不需要修改封装。下面介绍的是封装不正确的情形的操作。

（1）集成库的这个电容的封装如图 3-129 所示。

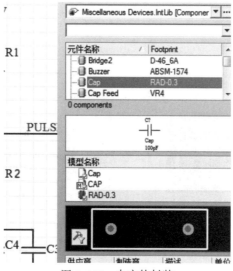

图 3-129　电容的封装

（2）在原理图中双击这个元件，弹出元件属性对话框，如图 3-130 所示，可以在这个图中更改元件的封装。

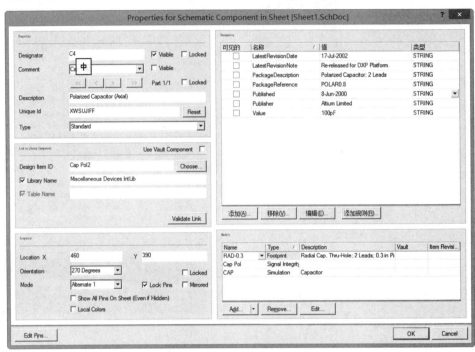

图 3-130   元件属性对话框

（3）在图 3-130 中单击右下角的 Edit 按钮，弹出"PCB 模型"对话框，如图 3-131 所示。

（4）单击"浏览"按钮，弹出"浏览库"对话框，如图 3-132 所示。

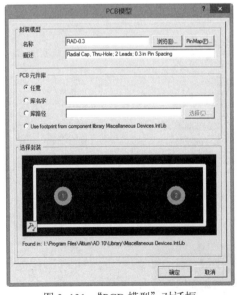

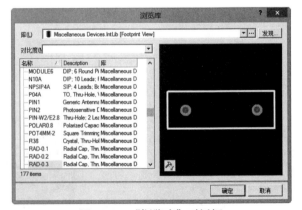

图 3-131   "PCB 模型"对话框   图 3-132   "浏览库"对话框

（5）在"对比度"文本框中，输入 RB 会出现 RB5-10.5 的封装名称，如图 3-133 所示。选择这个封装即可，然后单击"确定"按钮。

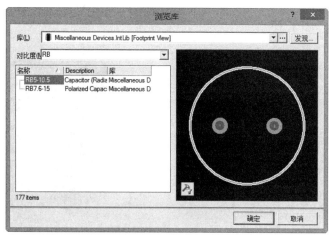

图 3-133　选择封装

（6）封装更改后，回到元件属性对话框，查看右下角的封装已经更改了，如图 3-134 所示。

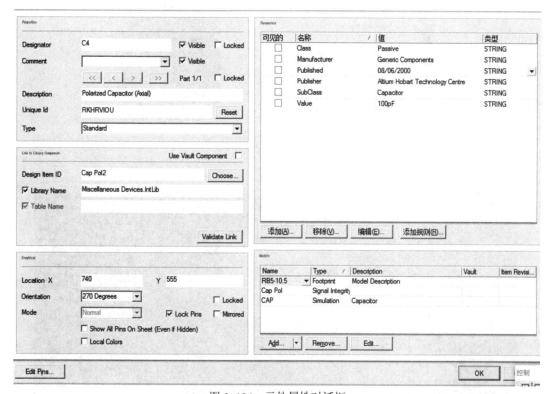

图 3-134　元件属性对话框

3．PCB 的手动布线步骤

1）首先取消自动布线

（1）选择"工具"｜"取消布线"｜"全部"命令，如图 3-135 所示。

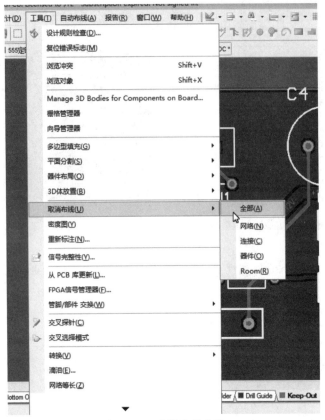

图 3-135　取消自动布线

（2）切换到底层将敷铜拖开，然后再手动布线，如图 3-136 所示。

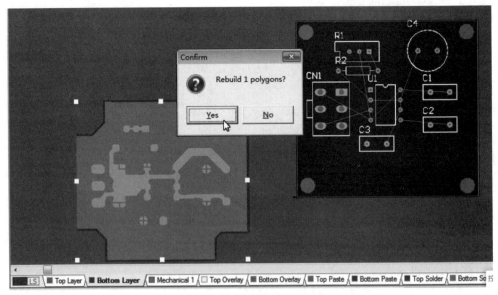

图 3-136　将敷铜拖开

2）切换 PCB 的层次然后开始布线

（1）将板层切换到顶层，如图 3-137 所示。

（2）单击交互式布线图标，如图 3-138 所示。

图 3-137　切换到顶层

图 3-138　单击交互式布线图标

（3）在 PCB 中出现一个红色的布线，移动鼠标在 CN1 的第 4 引脚上单击左键，确定布线的起始点，如图 3-139 所示。

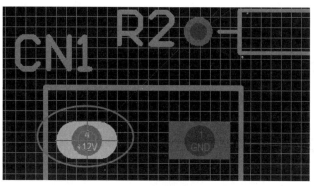

图 3-139　确定布线的起始点

3）编辑 PCB 的布线线宽

（1）按键盘上的【Tab】键，弹出布线网络对话框，如图 3-140 所示，该对话框的属性栏中，线宽 Width 为 0.254 mm，可以将其改为 1.5 mm。

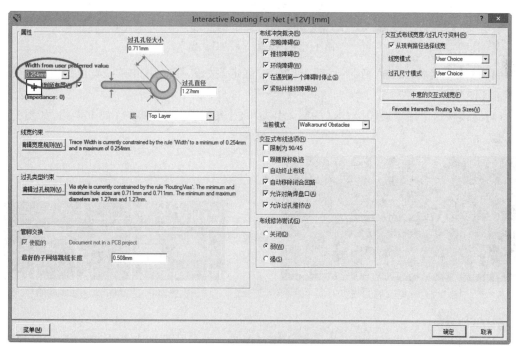

图 3-140　布线网络对话框

（2）单击图 3-140 中的"编辑线宽规则"按钮，弹出一个对话框，如图 3-141 所示。

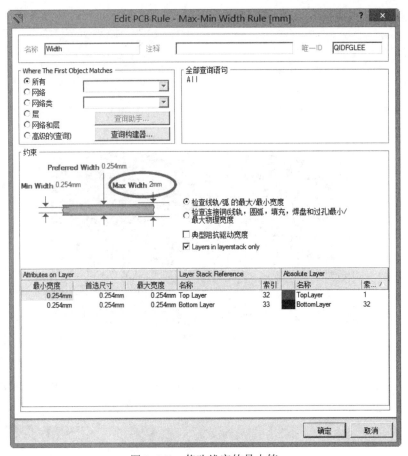

图 3-141　修改线宽的最大值

（3）修改完成后，单击"确定"按钮，再单击"确定"按钮，在 PCB 中的线宽已经发生了更改，如图 3-142 所示。

（4）继续按这个线宽来连接 CN1 的第 4 引脚和 U1 集成块第 8 引脚的 +12 V 网络，如图 3-143 所示。

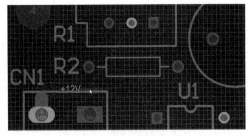

图 3-142　更改后的线宽

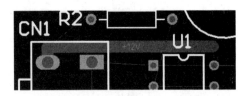

图 3-143　手动布线 +12 V 网络

4）增加焊盘

（1）单击放置焊盘的按钮，给 +12 V 放置焊盘；然后，按键盘上的【Tab】键，弹出焊盘编辑对话框，将焊盘的大小进行更改，将 X-Size、Y-Size 改为 1.27 mm，将通孔尺寸改为 0.813 mm，如图 3-144 所示。

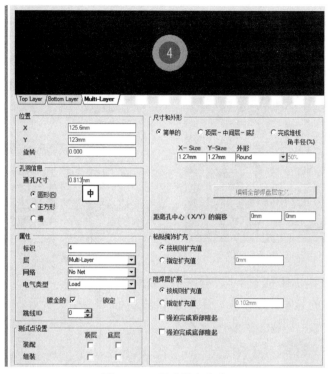

图 3-144 更改焊盘大小

（2）图 3-145 中用方框标注的就是放置的焊盘。放置焊盘的目的是为了在布线时切换到底层（Bottom Layer）布线。

5）切换底层布线

（1）将布线层切换到底层（Bottom Layer），然后继续手动布线。将 R1 的第 2 引脚与 U1 的第 4 引脚相连，将 CN1 的第 4 引脚与 U1 的第 8 引脚相连，如图 3-146 所示的 +12 V 竖线就是底层的连接线路。

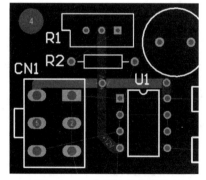

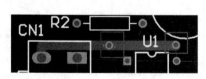

图 3-145 放置焊盘　　　　　　　　　　图 3-146 底层连接的线路

（2）继续完成其他的布线，在其他布线过程中，除了 GND 和 +12 V 外，需要修改线宽为 0.254 mm，方法与前面介绍的一样，不再重述。整个手动布线完成后的效果如图 3-147 所示。

（3）发现图 3-147 中有些元件没有连接线，这是因为这些是 GND 网络，没有布线。后面需要通过敷铜到 GND 网络来连接。

6）放置填充

（1）切换到顶层布线层，选择"放置" | "填充"命令，如图 3-148 所示。

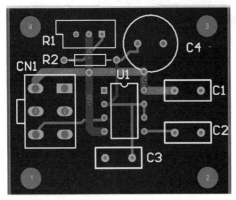

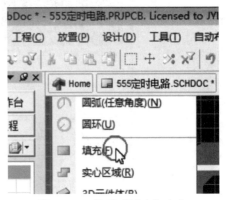

图 3-147　整个手动布线完成后的效果　　　　图 3-148　选择"填充"命令

（2）将填充的网络选择 NetC3_1，如图 3-149 所示。

（3）然后将 U1 的第 6 引脚和第 7 引脚连接起来，如图 3-150 所示。

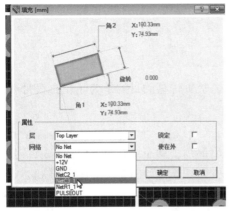

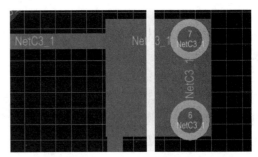

图 3-149　选择填充的网络　　　　　　图 3-150　U1 引脚的连接

4．给 PCB 添加敷铜

将前面已经移开的 PCB 敷铜移回到 PCB 上，最后的敷铜效果如图 3-151 所示。

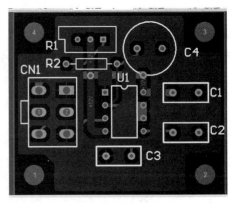

🐝任务实施

PCB 的手动布线

前面介绍了 PCB 手动布线的相关操作，下面进行实际操作：

（1）设计 PCB 的布线规则。

（2）对 PCB 进行手动布线。

图 3-151　最后的敷铜效果

任务评价

在任务实施完成后，读者可以填写表 3-7，检测一下自己对本任务的掌握情况。

表 3-7　任务评价

任务名称			学　时		2
任务描述			任务分析		
实施方案			教师认可：		
问题记录	1. 2. 3.		处理方法	1. 2. 3.	
成果评价	评价项目	评价标准	学生自评（20%）	小组互评（30%）	教师评价（50%）
	1.	1.　（×%）			
	2.	2.　（×%）			
	3.	3.　（×%）			
	4.	4.　（×%）			
	5.	5.　（×%）			
	6.	6.　（×%）			
教师评语	评　语：　　　　　　　　　成绩等级：　　　　　　　　教师签字：				
小组信息	班　级		第　组	同组同学	
	组长签字		日　期		

自　测　题

1. 原理图中元件用导线连接和用网络标号连接有什么区别？

2. 原理图中元件的基本操作有哪些？

3. 原理图中自己制作的元件如何加载？

4. 原理图中元件查找的方法是什么？

5. 原理图中元件绘制的步骤是什么？

6. PCB 自动布线的步骤是什么？

7. PCB 手动布线的步骤是什么？

8. 上机操作：将本项目中的所有任务进行上机操作练习。

（本项目中所有操作可以参考我们录制的上机视频。）

项 目 4

原理图元件和 PCB 元件的制作

项目描述

本项目将详细介绍原理图元件和 PCB 元件的全新手动制作方法，通过集成库元件修改制作的方法，还介绍了集成元件库的制作方法。通过学习，读者可利用绘制工具方便地建立自己需要的原理图元件符号和 PCB 封装。

项目目标

本项目包含元件符号库的创建，元件符号的创建，元件符号的封装添加等。通过学习，了解需要自己绘制原理图元件符号，同时达到下述要求：

（1）掌握原理图文件的创建方法。

（2）掌握原理图元件的绘制方法。

（3）掌握 PCB 封装元件文件创建方法。

（4）掌握手动绘制元件封装的技巧。

（5）掌握通过向导绘制元件封装的技巧。

（6）掌握手动修改向导绘制元件封装的技巧。

（7）掌握对 Altium Designer 10.0 集成 PCB 元件库的复制、粘贴和编辑技巧。

（8）掌握集成元件库的制作方法。

元件制作方法

任务 1 全新制作原理图元件和 PCB 封装元件

任务描述

本任务将介绍原理图元件的制作和 PCB 封装元件的制作。本任务制作的元件是全新的，没有通过已经有的元件进行修改。

相关知识

1. 建立原理图元件库和 PCB 封装库

（1）新建 PCB 工程，如图 4-1 所示。

（2）在 PCB 工程中创建原理图库文件，如图 4-2 所示。

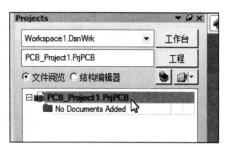

图 4-1　新建 PCB 工程

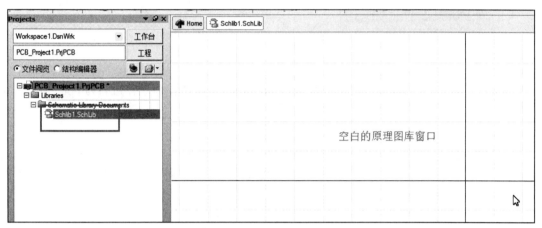

图 4-2　创建原理图库文件

（3）再建一个 PCB Library，如图 4-3 所示。

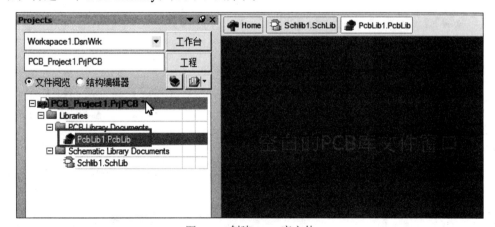

图 4-3　创建 PCB 库文件

（4）保存工程。

2. 绘制三极管元件

1）切换库面板

（1）单击 SCH Library 切换面板，如图 4-4 所示。

（2）出现默认元件，如图 4-5 所示。

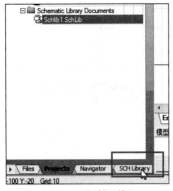

图 4-4　切换面板

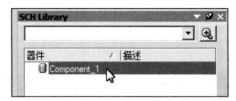

图 4-5　出现默认元件

2）更改元件名称

选择"工具"｜"重新命名器件"命令，弹出重命名对话框，将元件命名为 npn，如图 4-6 所示。

3）绘制三极管的外形

（1）开始绘制三极管，右击，设置文档的格点。在原理图元件库窗口中右击，在弹出的快捷菜单中选择"选项"｜"文档选项"命令，如图 4-7 所示。在弹出的对话框中将捕捉格点设置为 1，如图 4-8 所示。

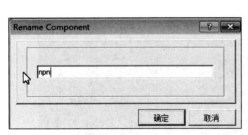

图 4-6　重命名元件

图 4-7　选择"文档选项"命令

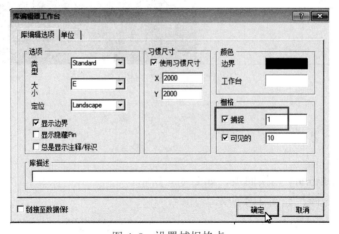

图 4-8　设置捕捉格点

（2）开始绘制三极管的走线，选择画线工具，如图 4-9 所示。

（3）按下【Tab】键，弹出线的属性对话框，更改线的颜色为蓝色、线宽为 Small，如图 4-10 所示。

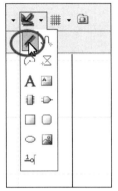

图 4-9　选择画线工具

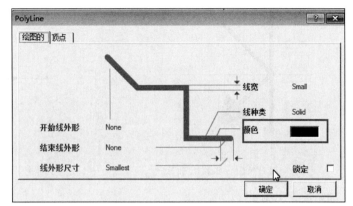

图 4-10　线的属性设置

（4）画出三极管的外形，如图 4-11 所示。

（5）选择画线工具中的多边形工具，如图 4-12 所示。

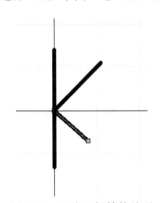

图 4-11　画出三极管的外形

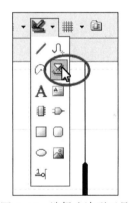

图 4-12　选择多边形工具

（6）按下【Tab】键，设置多边形的属性，其中填充颜色为蓝色，边界颜色为蓝色，边框宽度为 Small，如图 4-13 所示。

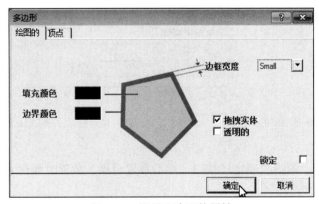

图 4-13　设置多边形的属性

（7）画出三极管的箭头，如图4-14所示。

（8）再画三极管的另一根走线，如图4-15所示。

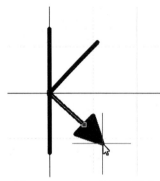

图4-14　画出三极管的箭头

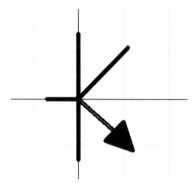

图4-15　画三极管的另一根走线

4）放置引脚

（1）单击画线工具栏中的"放置引脚"图标，带着引脚的光标出现在原理图库的窗口中，如图4-16所示。

（2）按下【Tab】键，修改引脚的属性，如图4-17所示。

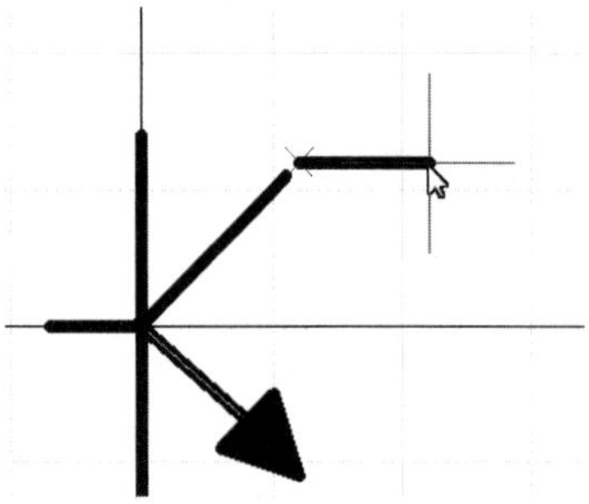

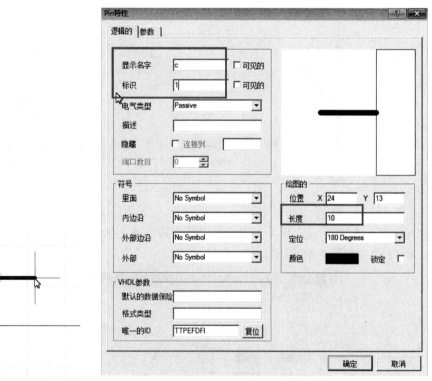

图4-16　引脚出现在原理图库的
　　　　　窗口中

图4-17　修改引脚的属性

（3）修改完成后，单击"确定"按钮，然后放置引脚。放置时要注意有红叉的方向朝外，如图4-18所示。

（4）用同样的方法放置第 2 引脚,更改第 2 引脚的显示名称为 e,第 3 引脚的显示名称为 b,然后放置,如图 4-19 所示。

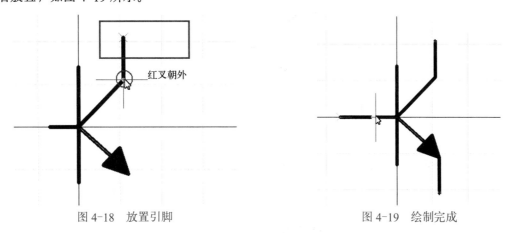

红叉朝外

图 4-18　放置引脚　　　　　　　　　　　　　图 4-19　绘制完成

（5）绘制完成后,保存。

3．绘制电感元件

1）新建元件并重命名

选择"工具"|"新器件"命令,弹出一个对话框,在该对话框中将元件名称改为 L,如图 4-20 所示。

2）画电感走线

（1）单击画线工具栏中的"椭圆弧"图标,如图 4-21 所示。

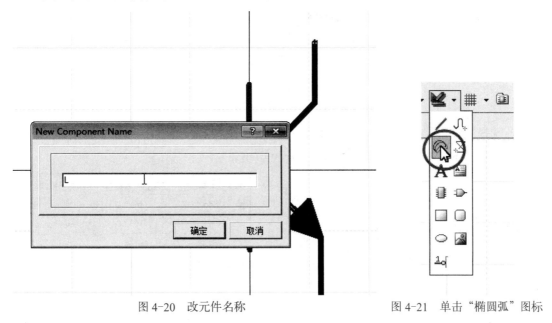

图 4-20　改元件名称　　　　　　　　　　　图 4-21　单击"椭圆弧"图标

（2）移动光标到窗口中,如图 4-22 所示。

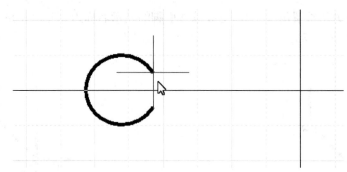

图 4-22　移动光标到窗口中

（3）调整椭圆弧的起始点和结束点，如图 4-23 所示。

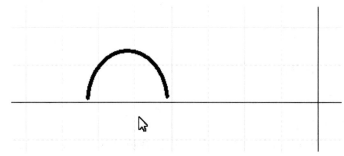

图 4-23　调整椭圆弧的起始点和结束点

（4）选取已经绘制的椭圆，如图 4-24 所示。

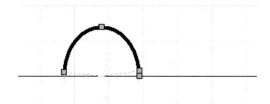

图 4-24　选取已经绘制的椭圆

（5）选择"编辑"|"拷贝"命令，如图 4-25 所示。

（6）选择"编辑"|"粘贴"命令，如图 4-26 所示。

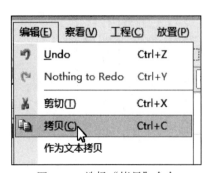

图 4-25　选择"拷贝"命令

图 4-26　选择"粘贴"命令

（7）在窗口中粘贴椭圆，共粘贴 3 次，效果如图 4-27 所示。

图 4-27　粘贴椭圆

3）放置引脚

（1）单击"放置引脚"图标。引脚出现在窗口中，如图 4-28 所示。

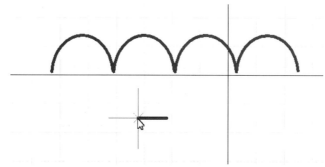

图 4-28　引脚出现在窗口中

（2）按【Tab】键，设置引脚的属性。一定要注意标识，千万不能省略，"显示名字"可以不填，如图 4-29 所示。

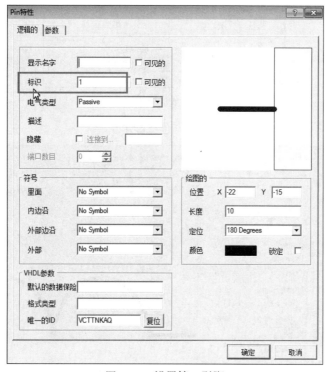

图 4-29　设置第 1 引脚

（3）放置第 1 个引脚，再放置第 2 个引脚，如图 4-30 所示。注意，红叉标记朝外。

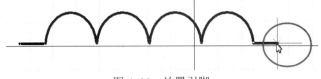

图 4-30　放置引脚

（4）保存元件。

4．绘制变压器

1）建立元件并命名

按前面介绍的方法建立一个新元件，并命名为 T。

2）复制电感的图形

（1）选择前面绘制的电感的图形。选择"编辑"｜"选中"｜"全部"命令，如图 4-31 所示。

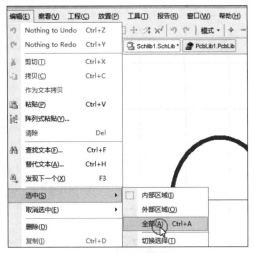

图 4-31　选择电感的图形

（2）选择"编辑"｜"拷贝"命令，如图 4-32 所示。

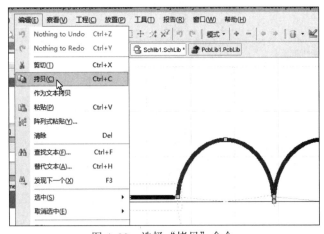

图 4-32　选择"拷贝"命令

（3）切换到 T 元件的窗口中，选择"编辑"｜"粘贴"命令，如图 4-33 所示。

（4）粘贴第一次，然后粘贴第二次，粘贴第二次时按【Space】键旋转，效果如图 4-34 所示。

图 4-33　选择"粘贴"命令

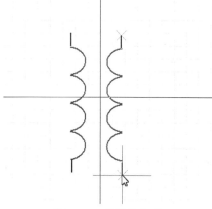

图 4-34　粘贴的电感

3）修改引脚

（1）修改引脚的标识为 1，2，3，4。因为前面的电感只有两个引脚（第 1 引脚和第 2 引脚），而现在粘贴后有两个第 1 引脚，两个第 2 引脚，因此需要进行修改。将这个变压器右边的第 1 引脚改为第 3 引脚，第 2 引脚改为第 4 引脚。

（2）引脚修改完成后，再在中间放置一根走线，如图 4-35 所示。

到此为止，变压器绘制完成。

5．RAD0.3 元件封装的绘制

1）切换库面板

切换到 PCB 元件制作面板，单击 PCB Library 标签，如图 4-36 所示。

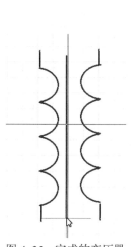

图 4-35　完成的变压器

图 4-36　PCB　Library 面板

2）更改元件名称

这里面也有一个默认的元件。

（1）双击这个默认的元件，修改名称为 RAD0.3，如图 4-37 所示。

（2）在窗口中出现一个十字中心点，中心点的坐标是（0，0），如图 4-38 所示。

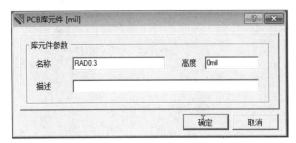

图 4-37　修改名称

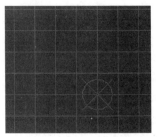

图 4-38　中心点

3）放置焊盘

（1）单击"放置焊盘"的图标，然后在窗口中放置两个焊盘，如图 4-39 所示。

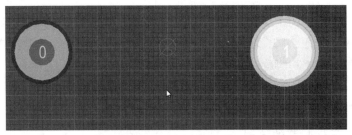

图 4-39　放置焊盘

（2）RAD0.3 的含义是焊盘的距离等于 300 mil，以中心点为中心，左右各 150 mil，双击焊盘修改参数。图 4-40 所示为左侧焊盘的参数。

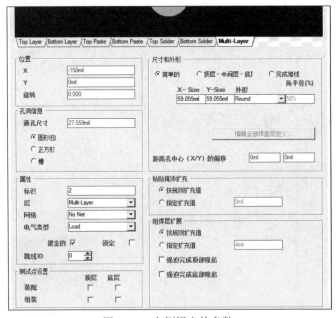

图 4-40　左侧焊盘的参数

（3）右侧焊盘需要将"位置"中的 X 值改为 150 mil，引脚改为 1。

（4）测量距离是否正确。选择"报告"｜"测量距离"命令，然后测量这两个焊盘的距离，如图 4-41 所示。

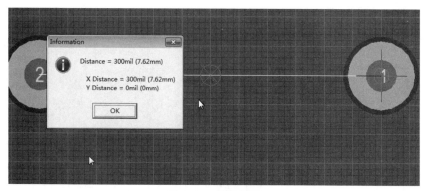

图 4-41　测量距离

4）绘制走线

（1）单击"绘制走线"图标，按【Tab】键修改走线的参数，走线在 Top Overlay（丝印层），线宽为 10 mil，如图 4-42 所示。

（2）走线完成的效果如图 4-43 所示。

图 4-42　走线设置

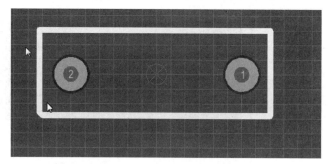

图 4-43　走线完成的效果

6．CAP0.2 圆形封装的绘制

1）建立新元件并命名

选择"工具"｜"新的空元件"命令，然后双击这个元件，在出现的对话框中将元件名称改为 CAP0.2，如图 4-44 所示。

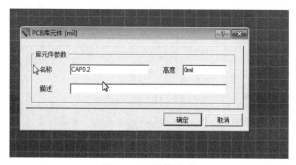

图 4-44　元件改名

2）放置焊盘

（1）单击画线工具栏中的"放置圆环"图标，如图 4-45 所示。

（2）先设置这个圆环的半径为 120 mil，如图 4-46 所示。因为焊盘的距离为 200 mil，所以圆的直径是要大于 200 mil 的。

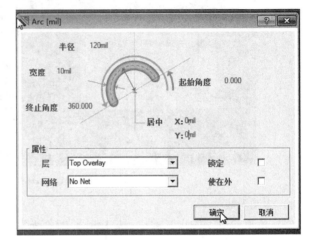

图 4-45　单击"放置圆环"图标

图 4-46　设置圆环的半径

（3）放置焊盘，修改参数。左侧焊盘的距离 X 值为 -100 mil，Y 值为 0，如图 4-47 所示。

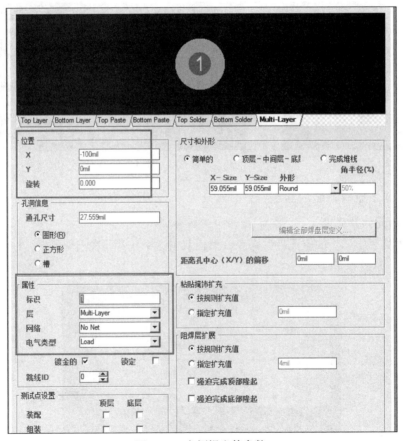

图 4-47　左侧焊盘的参数

（4）右侧焊盘的距离 X 值为 100 mil，Y 值为 0，如图 4-48 所示。

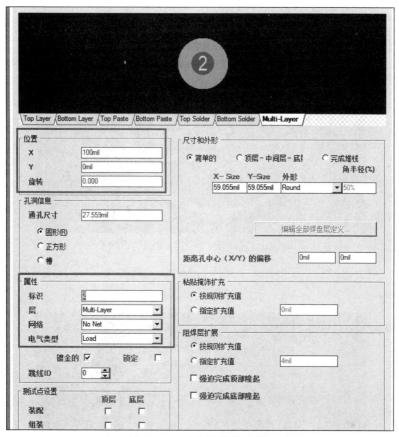

图 4-48　右侧焊盘的参数

（5）焊盘放置完成后，发现外面的圆小了，如图 4-49 所示。

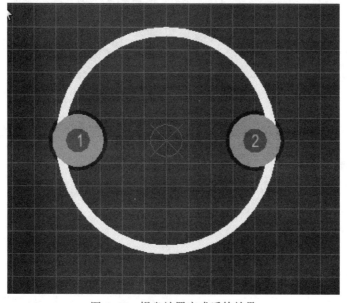

图 4-49　焊盘放置完成后的效果

（6）修改圆的半径为 150 mil，效果如图 4-50 所示。

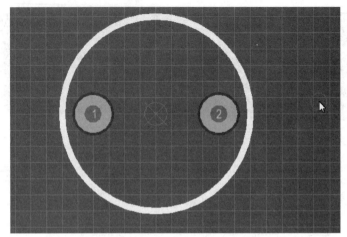

图 4-50   修改圆的半径为 150 mil 的效果

（7）保存。电容画好后，直接在这个元件封装的左边画一个 "+" 就变成了一个电解电容，如图 4-51 所示。

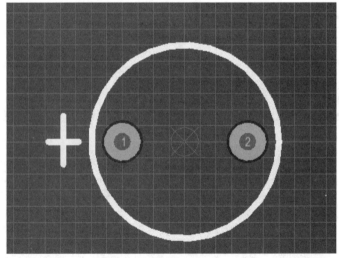

图 4-51   绘制完成的电容

任务实施

元件的全新制作

前面介绍了原理图元件和 PCB 元件的全新制作，下面进行实际操作：

（1）绘制原理图元件。

（2）绘制 PCB 元件。

任务评价

在任务实施完成后，读者可以填写表 4-1，检测一下自己对本任务的掌握情况。

表 4-1 任务评价

任务名称				学　时		2	
任务描述				任务分析			
实施方案				教师认可：			
问题记录	1.			处理方法		1.	
	2.					2.	
	3.					3.	
成果评价	评价项目		评价标准		学生自评（20%）	小组互评（30%）	教师评价（50%）
	1.		1.	（×%）			
	2.		2.	（×%）			
	3.		3.	（×%）			
	4.		4.	（×%）			
	5.		5.	（×%）			
	6.		6.	（×%）			
教师评语	评　语：				成绩等级：		教师签字：
小组信息	班　级		第　组	同组同学			
	组长签字		日　期				

任务 2　通过修改集成元件库来制作元件

任务描述

在任务 1 中介绍了元件的全新制作，实际上有些元件是不用全新制作的，可通过将集成元件库中的元件复制出来进行修改的方法来制作，这会让工作量大大减小。

相关知识

通过修改集成元件库来制作元件的步骤：

（1）打开集成元件库。

（2）找到需要修改的集成元件库中的元件进行复制。

（3）粘贴到自己的元件库中。

（4）在自己的元件库中进行修改。

任务实施

1．绘制发光二极管

操作步骤如下：

1）打开集成元件库

（1）直接找到并打开集成元件库，如图 4-52 所示。

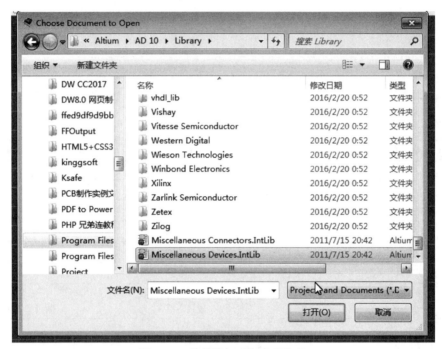

图 4-52　找到并打开集成元件库

注意

下面这两个元件库是最常见的，它们能够满足基本的原理图和 PCB 制作。

Miscellaneous Connectors.IntLib

Miscellaneous Devices.IntLib

其中，Miscellaneous Connectors.IntLib 这个元件库中主要是接插件的元件；Miscellaneous Devices.IntLib 这个元件库主要是电阻、电容、二极管、三极管、开关等元件。

（2）找到集成元件库后，单击打开，会弹出一个对话框，如图 4-53 所示。

（3）单击"摘取源文件"按钮，会打开两个库文件：一个是原理图库，另一个是 PCB 封装库，如图 4-54 所示。

（4）双击原理图库后的界面如图 4-55 所示。

（5）单击左下角的 SCH Library 标签，显示所有原理图的集成元件库，如图 4-56 所示。

图 4-53　弹出的对话框

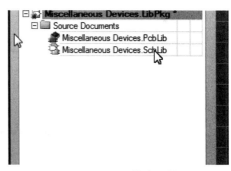

图 4-54　打开的库文件

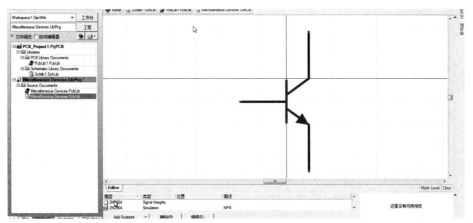

图 4-55　双击原理图库后的界面

图 4-56　原理图的集成元件库

2）复制集成元件并粘贴到自己的元件库中

（1）先找到需要复制的集成元件，如图 4-57 所示。

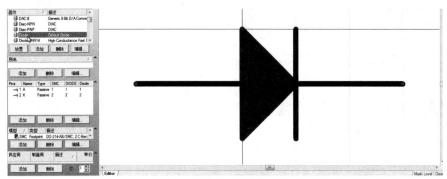

图 4-57　找到需要复制的集成元件

（2）选择从库中复制出来，如图 4-58 所示。

（3）粘贴到自己的元件库中，如图 4-59 所示。

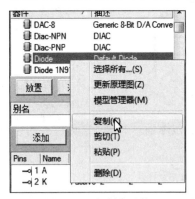

图 4-58　复制库元件

图 4-59　粘贴到自己的元件库中

3）修改元件

如把它修改为发光二极管。操作步骤如下：

（1）先单击多边形绘图工具，按【Tab】键后，修改多边形参数，如图 4-60 所示。

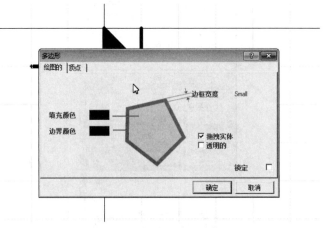

图 4-60　修改多边形参数

（2）给二极管画箭头，如图 4-61 所示。

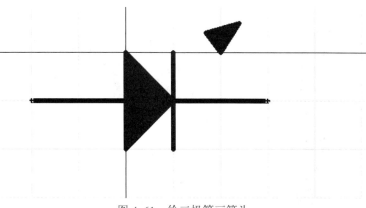

图 4-61　给二极管画箭头

（3）然后画一根走线，如图 4-62 所示。

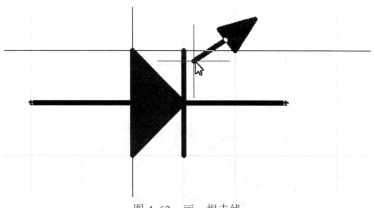

图 4-62　画一根走线

（4）按同样的方法绘制第二个箭头和走线，绘制完成的发光二极管如图 4-63 所示。

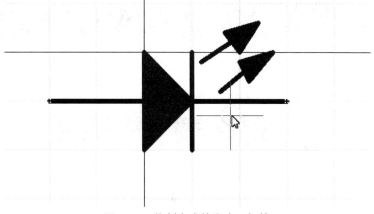

图 4-63　绘制完成的发光二极管

2．修改集成元件库的封装

修改 PCB 封装的操作步骤如下：

1）复制、粘贴封装

（1）将集成库中的封装复制出来，如图 4-64 所示。

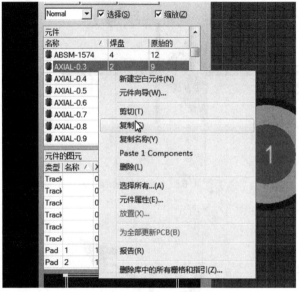

图 4-64　复制封装

（2）粘贴到自己的元件库中进行修改，如图 4-65 所示。

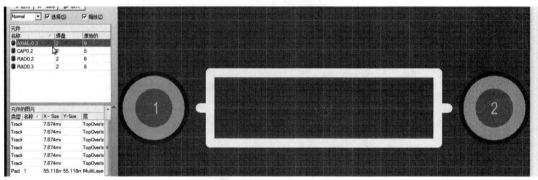

图 4-65　粘贴到自己的元件库

2）更改封装名称

将这个元件更名为三脚插座 HEAD3，如图 4-66 所示。

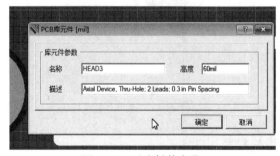

图 4-66　更改封装名称

3）修改引脚参数

（1）三脚插座的每个脚间隔 100 mil，将焊盘 2 拖到中间的（0,0）中心位置，并修改参数，如图 4-67 所示。

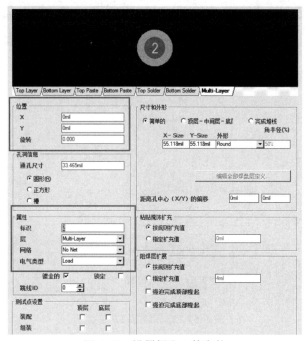

图 4-67　设置焊盘 2 的参数

（2）修改焊盘 1 的参数，位置设置 X 为 100 mil,Y 为 0 mil，如图 4-68 所示。

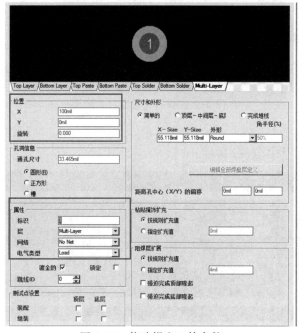

图 4-68　修改焊盘 1 的参数

（3）放一个焊盘 3，"位置"设置 X 为 -100 mil, Y 为 0 mil，如图 4-69 所示。

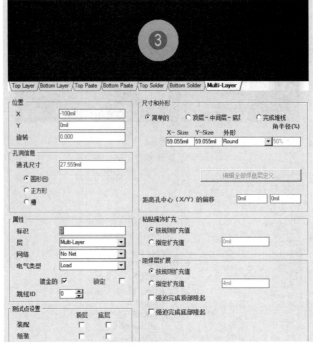

图 4-69　设置焊盘 3 的参数

（4）设置完参数后的效果如图 4-70 所示。

图 4-70　设置完参数后的效果

4）调整走线

调整走线的位置，如图 4-71 所示。

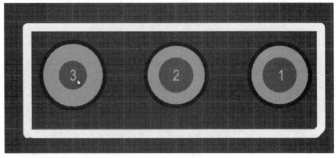

图 4-71　调整走线的位置

5）测量距离

（1）测量焊盘 2 和焊盘 3 的距离，如图 4-72 所示。

（2）距离显示为 100 mil，这是正确的，如图 4-73 所示。

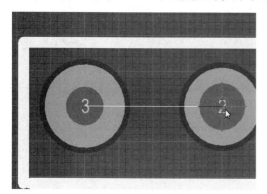

图 4-72　测量距离

图 4-73　焊盘 2 和焊盘 3 的距离

（3）测量焊盘 1 和焊盘 2 的距离，如图 4-74 所示。

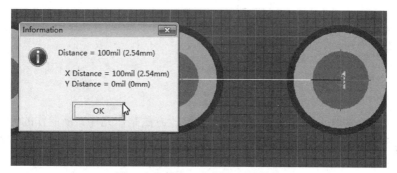

图 4-74　焊盘 1 和焊盘 2 的距离

任务评价

在任务实施完成后，读者可以填写表 4-2，检测一下自己对本任务的掌握情况。

表 4-2　任务评价

任务名称		学　时	2
任务描述		任务分析	
实施方案		教师认可：	

续表

问题记录	1.		处理方法		1.	
	2.				2.	
	3.				3.	
成果评价	评价项目	评价标准	学生自评（20%）	小组互评（30%）	教师评价（50%）	
	1.	1.（×%）				
	2.	2.（×%）				
	3.	3.（×%）				
	4.	4.（×%）				
	5.	5.（×%）				
	6.	6.（×%）				
教师评语	评语： 成绩等级：				教师签字：	
小组信息	班　　级		第　　组	同组同学		
	组长签字		日　　期			

任务 3　制作集成元件库

任务描述

在前面的两个任务中介绍了全新制作元件和修改方法制作元件，所制作的元件都不是集成元件。集成元件是原理图元件给它增加封装，在使用原理图元件时，这个元件是有封装的，下面进行具体操作。

相关知识

集成元件库的制作步骤如下：

（1）建立集成库。

（2）增加一个原理图库文件。

（3）增加一个 PCB 库文件。

（4）绘制原理图元件库的元件。

（5）绘制或者查找封装库元件。

（6）在模式管理器中给原理图元件增加封装。

任务实施

制作集成元件库

1）建立集成库

（1）新建一个新的集成库工程，如图 4-75 所示。

图 4-75　新建集成库工程

（2）在这个集成库中添加一个新的原理图库，如图 4-76 所示。

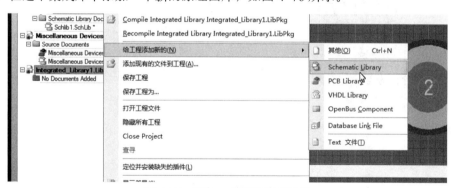

图 4-76　添加一个新的原理图库

（3）添加一个新的 PCB 库，如图 4-77 所示。

图 4-77　添加一个新的 PCB 库

2）绘制原理图元件库的元件

下面绘制一个 555 元件，绘制方法前面的内容中曾经介绍过，这里只简单提及一下。

（1）新建一个元件，并命名为 555。

（2）先放置一个方框，然后放置引脚，如图 4-78 所示。

（3）放置并设置引脚：

① 引脚的设置中，除了 GND 和 VCC 的电气类型是 Power，其他的都是 Passive。

② 放置第 1 至第 8 引脚，放置后的效果，如图 4-79 所示。

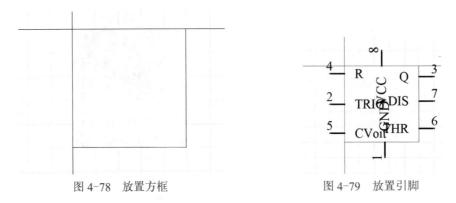

图 4-78　放置方框　　　　　　　　　　　　图 4-79　放置引脚

（4）元件画完后，保存这个元件库，如图 4-80 所示。

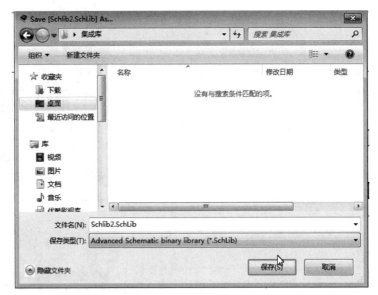

图 4-80　保存元件库

3）绘制 DIP 的封装

下面绘制一个 DIP8 的封装。

（1）通过"元器件向导"来完成 DIP8 的制作。切换到 PCB 元件库窗口中，选择"工具"｜"元器件向导"命令，如图 4-81 所示。

（2）弹出一个对话框，选择 Dual In-line Packages（DIP）选项，如图 4-82 所示。

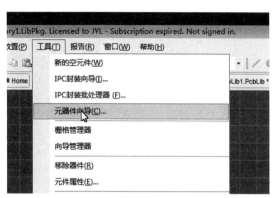

图 4-81　选择"元器件向导"命令

图 4-82　选择 DIP

（3）单击"下一步"按钮，当出现设置焊盘数目的对话框时，将焊盘总数设置为 8，如图 4-83 所示。

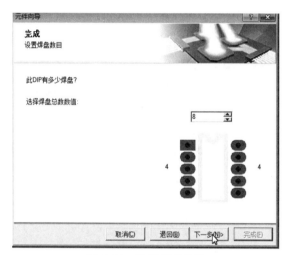

图 4-83　设置焊盘总数

（4）单击"下一步"按钮，再单击"完成"按钮，最后制作的 DIP 封装如图 4-84 所示。

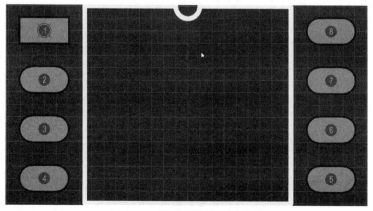

图 4-84　最后制作的 DIP 封装

（5）将这个元件保存到集成库中，如图 4-85 所示。

图 4-85　保存元件

4）给原理图元件增加封装

切换到集成库中，给原理图添加封装。

（1）单击图 4-86 中的"模式管理器"按钮。

（2）单击 Add Footprint 按钮，如图 4-87 所示。

图 4-86　单击"模式管理器"按钮

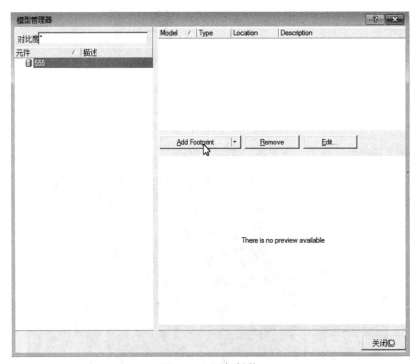

图 4-87　添加封装

（3）直接查找刚刚画好的封装元件，如图 4-88 所示。

图 4-88　查找封装元件

（4）找到后直接打开，如图 4-89 所示。

图 4-89　找到封装

（5）打开后，在"浏览库"中找到 DIP8，如图 4-90 所示。

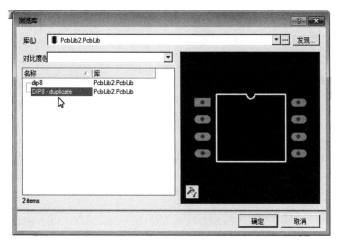

图 4-90　找到 DIP8

（6）单击"确定"按钮，封装就添加好了。此时的模式管理器，如图 4-91 所示。

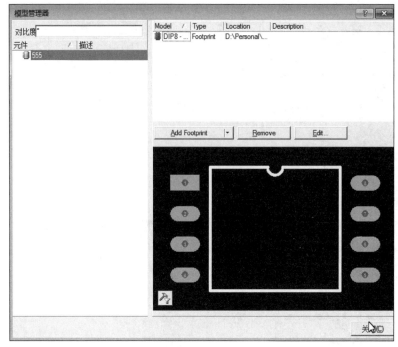

图 4-91　添加封装后的模式管理

（7）把集成库保存，就完成了这个集成库元件的制作，如图 4-92 所示。

图 4-92　保存集成库元件

5）检测集成库是否制作成功

（1）建立一个原理图文件，如图 4-93 所示。

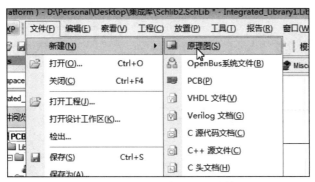

图 4-93　建立一个原理图文件

（2）安装集成库如图 4-94 所示。

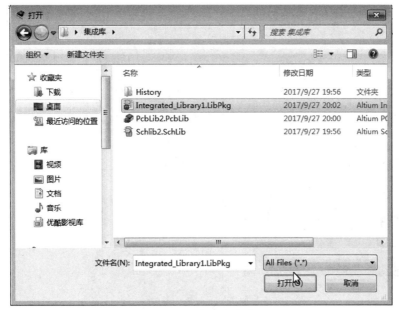

图 4-94　安装集成库

（3）提示不能打开，如图 4-95 所示。

图 4-95　提示不能打开

（4）安装集成库中的原理图库和 PCB 库，如图 4-96 所示。

图 4-96　安装原理图库和 PCB 库

（5）测试自己画的元件。打开"库"面板，查看所制作的集成库，发现这个 555 元件没有封装，如图 4-97 所示。

（6）将 555 元件拖动到原理图中，如图 4-98 所示。

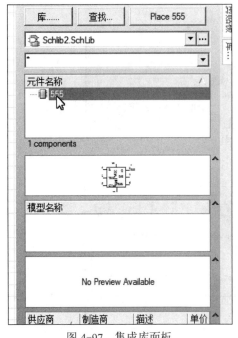

图 4-97　集成库面板

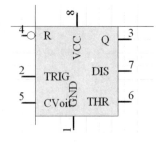

图 4-98　原理图元件

（7）双击这个元件进行检查，发现右下角区域是没有封装的，如图 4-99 所示。

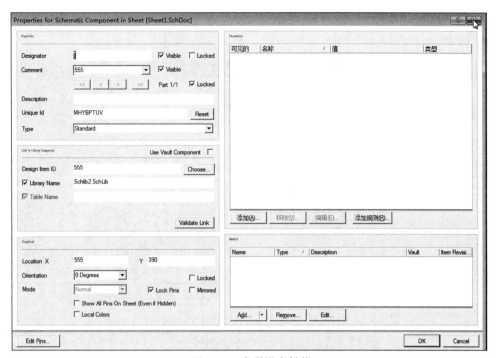

图 4-99　发现没有封装

（8）回到原理图库的"模式管理器"中，保存库文件，然后，选择"工具"｜"更新原理图"命令，如图 4-100 所示。

图 4-100　选择"更新原理图"命令

（9）再一次在原理图中检查这个 555 元件，看它是否有封装。此时，发现封装已经存在了，如图 4-101 所示。

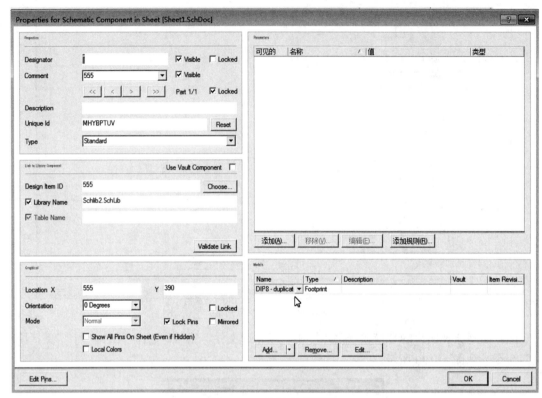

图 4-101　再次检查封装

此时，说明这个集成元件库就制作成功。

任务评价

在任务实施完成后，读者可以填写表 4-3，检测一下自己对本任务的掌握情况。

表 4-3　任务评价

任务名称		学　　时	2
任务描述		任务分析	
实施方案		教师认可：	

续表

问题记录	1. 2. 3.	处理方法	1. 2. 3.		
成果评价	评价项目	评价标准	学生自评（20%）	小组互评（30%）	教师评价（50%）
	1.	1.　　（×%）			
	2.	2.　　（×%）			
	3.	3.　　（×%）			
	4.	4.　　（×%）			
	5.	5.　　（×%）			
	6.	6.　　（×%）			
教师评语	评　语：				
	成绩等级：　　　　　　　　教师签字：				
小组信息	班　　级		第　组	同组同学	
	组长签字		日　期		

本项目中所有操作可以参考录制的上机视频。

自　测　题

1. 元件制作的方法有哪些？
2. 能否在集成库中直接修改元件？
3. 集成库元件制作后，如何安装使用？
4. 上机操作：将本项目中的所有任务进行上机操作练习。
5. 原理图元件与 PCB 元件的制作：

（1）原理图元件的制作。具体如下：

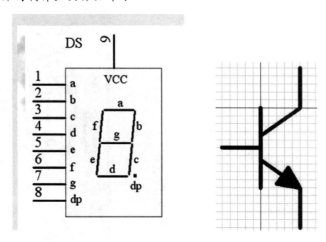

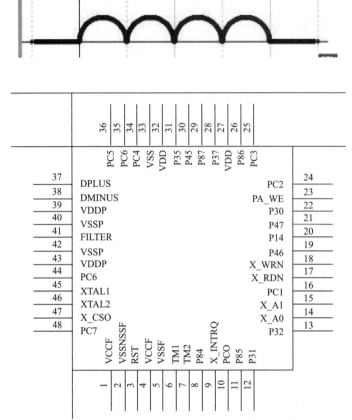

（2）PCB 元件的制作。具体如下：

PCB 封装库制作

Rating:DC 12 V 50 mA
Stroke:0.25mm±0.1
Cover:P=Plastic
　　　m=Metal
Life:100,000 Cycles

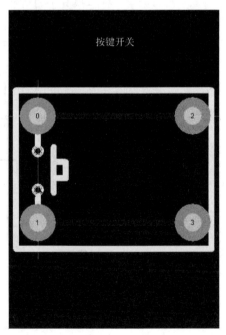

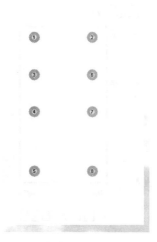

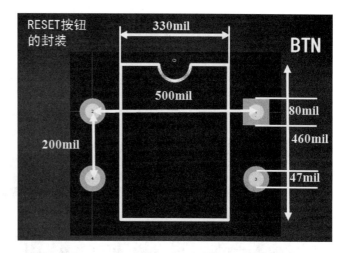

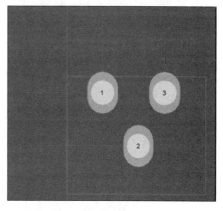

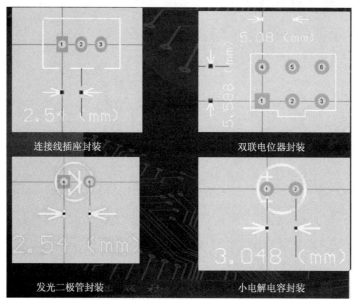

图中有 4 个封装，要注意的是不能在一个封装窗口中，画 4 个元件，只能一个窗口画一个元件。这 4 个元件要建立 4 个新器件进行绘制。

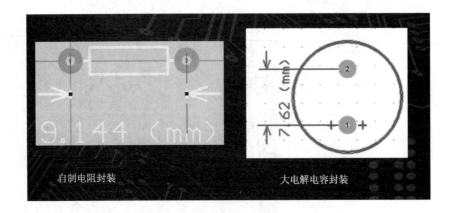

自制电阻封装　　　　　　　　　　　大电解电容封装

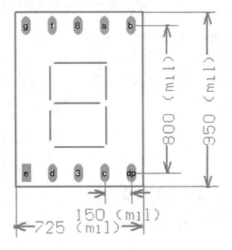

项目 5

心形灯电路的制作

项目描述

本项目将详细介绍心形灯电路中的元件和封装制作，集成库元件的复制，心形灯电路原理图的制作，心形灯 PCB 板子形状的绘制，PCB 的制作。

项目目标

本项目包含元件和封装的创建，原理图的绘制，PCB 的绘制等。通过学习，应达到以下要求：

（1）掌握原理图文件的创建方法。

（2）掌握原理图元件的绘制方法。

（3）掌握 PCB 封装文件的创建方法。

（4）掌握绘制元件封装的技巧。

（5）掌握通过向导绘制元件封装的技巧。

（6）掌握 PCB 板子形状的绘制方法。

（7）掌握 PCB 的布线方法。

本项目详细的操作步骤读者可以参考我们录制的视频来进行学习。其中绘制心形板子的方法可参考下述内容。

任务 1 心形灯的元件和封装制作

任务描述

在本任务中将介绍心形灯的原理图元件的制作和 PCB 元件的制作，其中有些知识在前面的项目中曾经介绍过，此处就不再重复介绍了。

心形灯元件和
封装制作

相关知识

　　心形灯原理图元件的制作方法与前面介绍的元件制作方法相同，读者可以按照前面介绍的方法来制作。在任务实施中将介绍具体步骤。

　　心形灯封装元件制作方法与前面介绍也是类似的，读者可以参考任务实施中的介绍来进行操作。

任务实施

1. 心形灯的原理图元件制作

　　在心形灯电路需要的元件中，发现有几个元件需要自己制作，有几个元件需要复制、粘贴，具体如下。

　　1）单片机元件

　　首先制作的元件是单片机元件。

　　（1）按图 5-1 所示绘制方框，然后放置引脚；在放置引脚的过程中进行引脚的编辑。

1	P1.0	VCC	40
2	P1.1	P0.0	39
3	P1.2	P0.1	38
4	P1.3	P0.2	37
5	P1.4	P0.3	36
6	P1.5	P0.4	35
7	P1.6	P0.5	34
8	P1.7	P0.6	33
9	RST	P0.7	32
10	P3.0/RXD	$\overline{EA}$/VPP	31
11	P3.1/TXDALE	/$\overline{PROG}$	30
12	P3.2/$\overline{INT0}$	$\overline{PSEN}$	29
13	P3.3/$\overline{INT1}$	P2.7	28
14	P3.4/T0	P2.6	27
15	P3.5/T1	P2.5	26
16	P3.6/$\overline{WR}$	P2.4	25
17	P3.7/$\overline{RD}$	P2.3	24
18	XTAL2	P2.2	23
19	XTAL1	P2.1	22
20	GND	P2.0	21

图 5-1　单片机元件

　　（2）放置引脚。如图 5-2 所示是第 1 引脚的属性设置对话框。

图 5-2　第 1 引脚的属性设置

（3）显示名字上出现横线的引脚设置如图 5-3 所示，如设置 P3.2/I\N\T\0\。

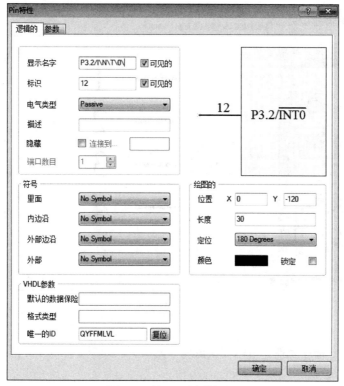

图 5-3　第 12 引脚的设置

2）电容元件

这个电容元件是可以在集成库中复制的，不需要自己绘制，如图 5-4 所示。

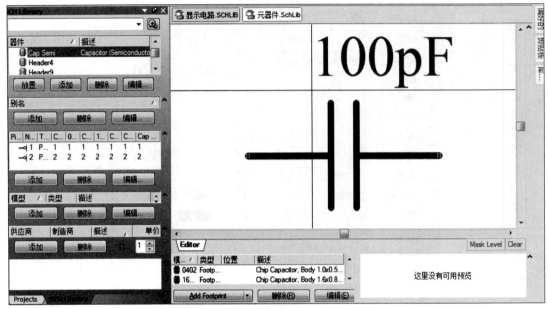

图 5-4　电容元件

3）Header4

这个元件是一个插座元件，可以在集成库中去复制，如图 5-5 所示。所找的集成库应该是连接插座的那个集成库。

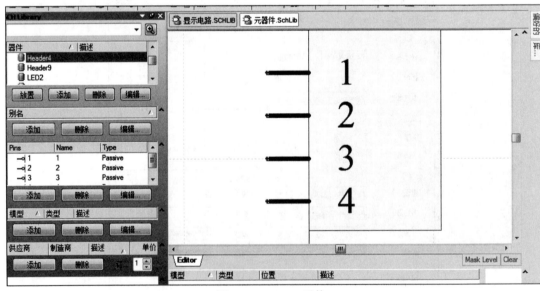

图 5-5　Header4 元件

4）Header9

这个元件是一个插座元件，可以在集成库中去复制，如图 5-6 所示。所找的集成库应该是连接插座的那个集成库。

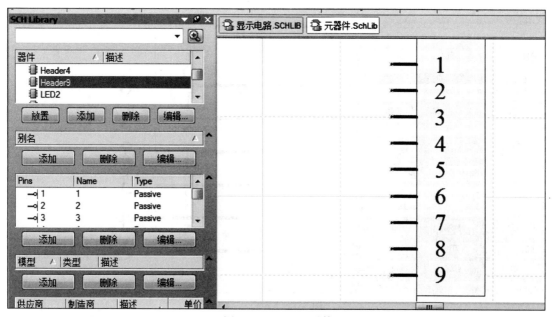

图 5-6 Header9 元件

5）LED 发光二极管

这个元件可以自己绘制。先放置一个方框，然后再放置 2 个引脚，如图 5-7 所示。

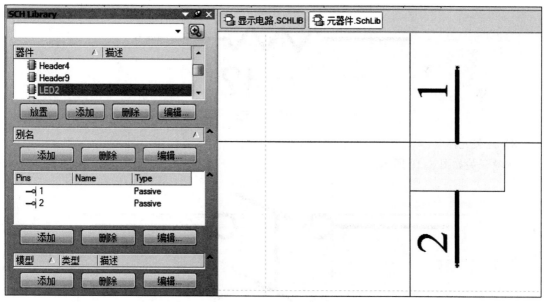

图 5-7 二极管的绘制

6）USB 元件

需要先绘制方框，然后放置 6 个引脚，如图 5-8 所示。

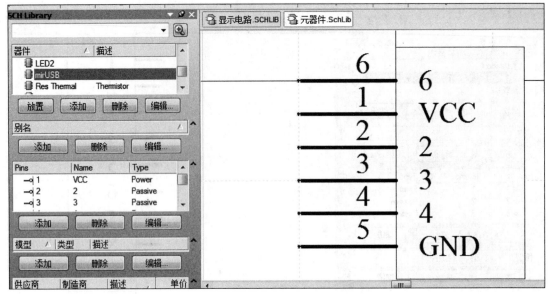

图 5-8　USB 元件

7）电阻元件

这个电阻元件不需要自己绘制，可以在集成电阻库中复制，如图 5-9 所示。

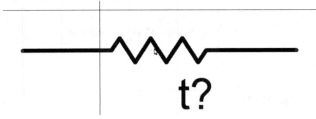

图 5-9　电阻元件

8）开关元件

按键开关如图 5-10 所示。

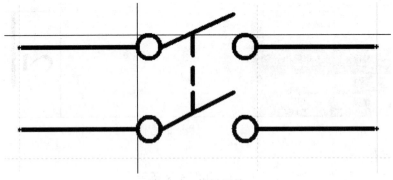

图 5-10　按键开关

这个元件可以在集成库中复制。集成库是电阻库，元件的名称是 SW-PB。

9）晶振

XTAL 是晶振元件，可以在集成库中复制，如图 5-11 所示。

图 5-11 晶振元件

2．心形灯封装元件的绘制

1）3.2X1.6X1.1 元件

（1）3.2X1.6X1.1 是二极管元件，如图 5-12 所示。

图 5-12 3.2X1.6X1.1 元件

（2）测量元件的焊盘距离如图 5-13 所示。

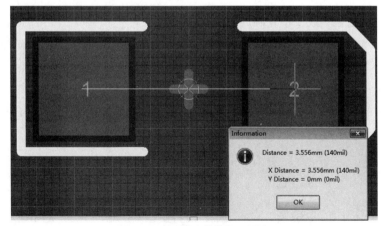

图 5-13 测量元件的焊盘距离

（3）焊盘 1 的信息如图 5-14 所示。

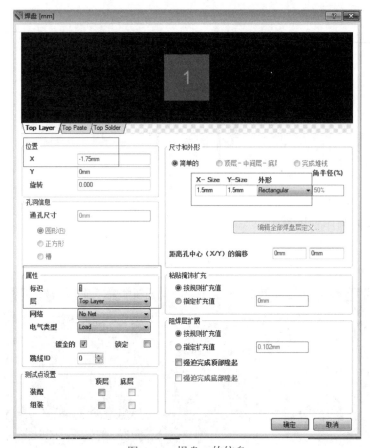

图 5-14　焊盘 1 的信息

（4）焊盘 2 的设置类似，只是元件"位置"中的 X 为 1.75 mm，元件的标识为 2。

2）6-0805_N 元件

这个元件也可以在集成库中复制，如图 5-15 所示。

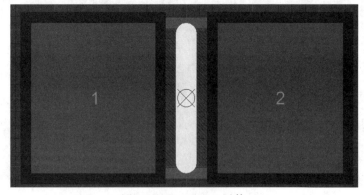

图 5-15　6-0805_N 元件

3）C1206 元件

这个元件也可以在集成库中复制，如图 5-16 所示。

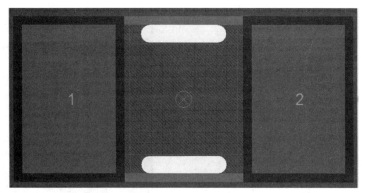

图 5-16　C1206 元件

4）DIP40 元件

这个元件可以通过向导来制作，操作步骤如下：

重要的步骤如图 5-17 ～图 5-22 所示。

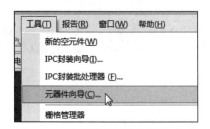

图 5-17　选择"元器件向导"命令

图 5-18　选择 DIP 图案

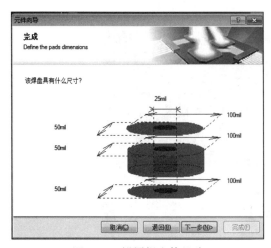

图 5-19　设置焊盘的尺寸

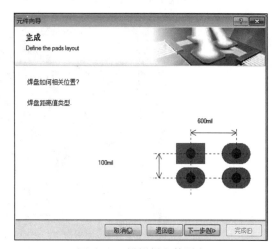

图 5-20　设置焊盘的距离

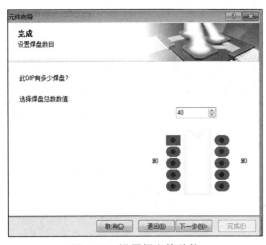

图 5-21　设置焊盘的总数

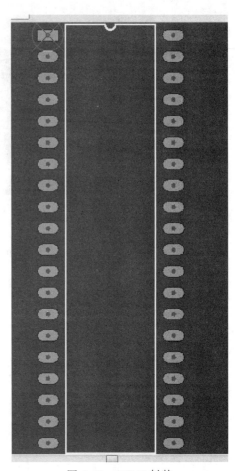

图 5-22　DIP40 封装

5）DPST-4 元件

这个元件是按键的封装，我们给出元件的封装外形并测量距离。

测量一下焊盘距离，先测量焊盘 1 和焊盘 2 的距离，如图 5-23 所示。

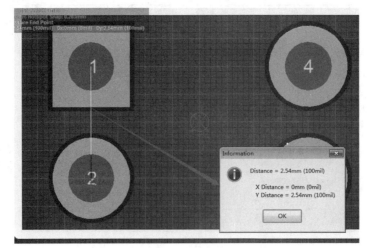

图 5-23　测量焊盘 1 和焊盘 2 的距离

再测量焊盘 1 和焊盘 4 的距离，如图 5-24 所示。

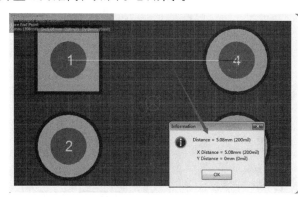

图 5-24　测量焊盘 1 和焊盘 4 的距离

6）HDR1X4 元件

这个四脚插座可以在集成库中复制，如图 5-25 所示。

图 5-25　HDR1X4

7）HDR1X9 元件

这个九脚插座可以在集成库中复制，如图 5-26 所示。

图 5-26　HDR1X9

8）LED3 元件

（1）这个是发光二极管的封装，需要自己绘制，效果如图 5-27 所示。

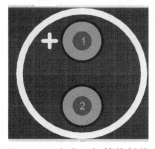

图 5-27　发光二极管的封装

（2）走线的属性设置如图 5-28 所示。

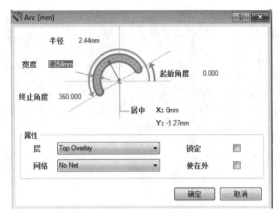

图 5-28　走线的属性设置

（3）焊盘 1 的属性如图 5-29 所示。

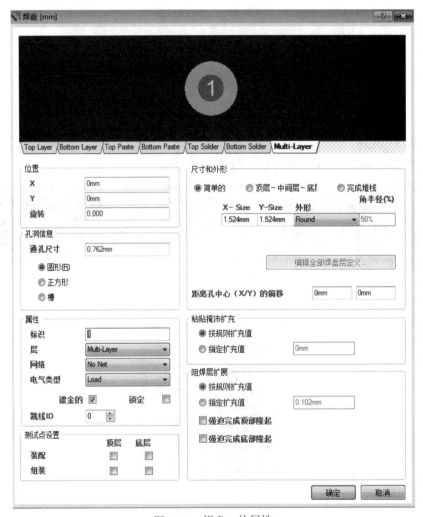

图 5-29　焊盘 1 的属性

（4）焊盘 2 的属性如图 5-30 所示。

图 5-30　焊盘 2 的属性

9）USB 元件

USB 的封装如图 5-31 所示。

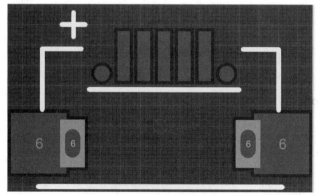

图 5-31　USB 的封装

下面介绍一下它的焊盘的距离和焊盘的大小。

（1）测量大焊盘 6-6 的距离如图 5-32 所示。

图 5-32　测量大焊盘 6-6 的距离

（2）测量第二个小焊盘 6-6 的距离如图 5-33 所示。

图 5-33　测量第二个小焊盘 6-6 的距离

（3）大焊盘 6 的属性设置如图 5-34 所示。

图 5-34　大焊盘 6 的属性设置

（4）第二个小焊盘 6 的属性设置如图 5-35 所示。

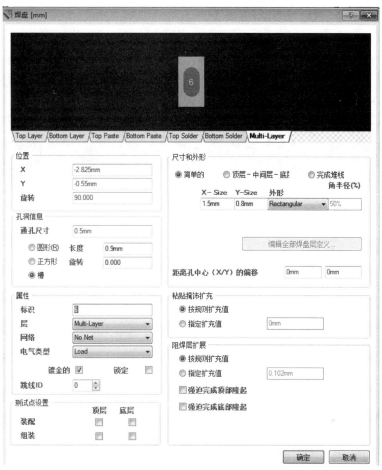

图 5-35　第二个小焊盘 6 的属性设置

（5）测量 USB 引脚的距离，如图 5-36 所示。

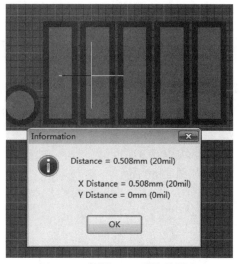

图 5-36　测量 USB 引脚的距离

（6）每个焊盘的距离是 20 mil。

第一个小焊盘的属性设置如图 5-37 所示。

图 5-37　第一个小焊盘的属性设置

后面几个小焊盘的设置改变的只是 X 的位置和焊盘的标识，其他的焊盘的大小和形状没有改变。中间第三个焊盘的 X 设置为 0，Y 设置为 86.614 mil，如图 5-38 所示。

10）XTAL 的封装

这是晶振元件，它的封装如图 5-39 所示。

测量焊盘的距离为 200 mil，如图 5-40 所示。

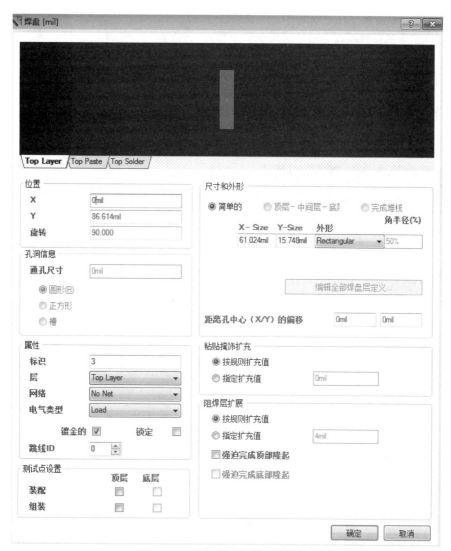

图 5-38　中间第三个焊盘的设置

图 5-39　XTAL 的封装

图 5-40　测量焊盘的距离

任务评价

在任务实施完成后，读者可以填写表 5-1，检测一下自己对本任务的掌握情况。

表 5-1　任务评价

任务名称			学　　时		2	
任务描述			任务分析			
实施方案				教师认可：		
问题记录	1.		处理方法		1.	
	2.				2.	
	3.				3.	
成果评价	评价项目	评价标准	学生自评（20%）	小组互评（30%）	教师评价（50%）	
	1.	1.　　（×%）				
	2.	2.　　（×%）				
	3.	3.　　（×%）				
	4.	4.　　（×%）				
	5.	5.　　（×%）				
	6.	6.　　（×%）				
教师评语	评　语： 成绩等级：　　　　　　　　教师签字：					
小组信息	班　级		第　组	同组同学		
	组长签字		日　期			

任务 2 心形流水灯原理图和 PCB 的制作

任务描述

在本任务中将介绍心形流水灯原理图的制作和 PCB 的制作，以及心形板子外形的绘制。

相关知识

心形流水灯原理图制作中电阻看不到标识，只是没有显示出来。在放置电阻时，一定要添加标识，另外，原理图中的导线用得不是很多，用了很多网络标号，放置网络标号时要注意出现红叉。另外，要注意发光二极管用的是圆形封装。具体的操作方法将在任务实施中详细介绍。

任务实施

心形灯原理图与
PCB 制作

心形灯元件粘贴
网络标号及旋转

1. 心形流水灯原理图制作

1）心形流水灯原理图简介

心形流水灯的原理图如图 5-41 所示。清晰的文件可以参考提供的视频。

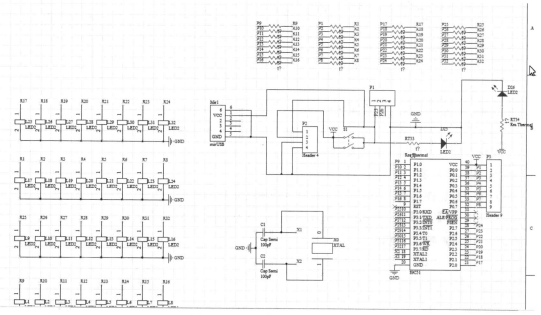

图 5-41　心形流水灯的原理图

图 5-41 中用单片机来控制二极管的发光，如流水灯一样。

这些每个带两个引脚的原理图元件 LED2 都是发光二极管，它的封装都是用 LED 标识的，都可以用 RB0.1 的封装来制作，如图 5-42 所示。

图 5-43 中这些发光二极管的元件名称可以命名。如图中 LED2，L25，其中的 L25 是网络标识，LED2 是说明文字。网络标识一定不能省略。

图 5-42　LED 封装

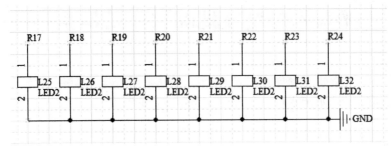

图 5-43　二极管部分

每个二极管的上端没有直接连接导线，而是通过标识 R17 ~ R24 来表示的。这些标识不是一般的元件说明文字，而是网络标号。网络标号是有电气特性的，同一个网络标号，表明这两个点是相连接的。而二极管的下端是接地，接的是电源端口 GND。

图 5-44 是原理图中的电阻部分，这些电阻两端是标识，是网络标号，通过网络标签来放置。电阻本身的标识没有显示出来，但是每个电阻都是有标识的，不要认为没有标识。比如看这里面的 R1 ~ R8 相连接的电阻，它的网络标识是 RT1 ~ RT8，这是电阻本身的标识，其他的类似。

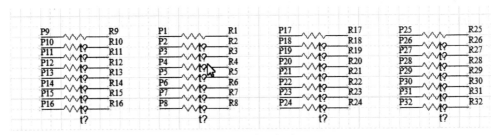

图 5-44　电阻部分

图 5-44 中这些显示出来的网络标号，可以双击这个网络标签，弹出一个对话框，在这个对话框中可以更改网络名称。比如：双击 R1，弹出"网络标签"对话框，如图 5-45 所示。然后在"网络"文本框中输入想用的名称。

2）放置网络标签

（1）单击按钮图标 ，出现图 5-46 所示的网络标签。

（2）按一下【Tab】键，弹出"网络标签"对话框，如图 5-47 所示。

图 5-45　"网络标签"对话框

图 5-46　网络标签

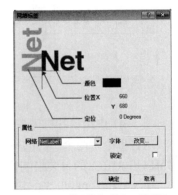

图 5-47　"网络标签"对话框

可以在"网络"文本框内命名。

（3）在放置网络标签时，一定要与元件引脚相连接，即要出现一个红色的叉标记，表明电路有电气连接。如果没有叉标记，则说明 R1 与这个电阻没有进行电气连接，如图 5-48 所示。

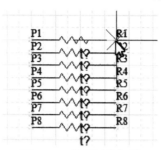

图 5-48　放置网络标签

（4）看一下单片机引出脚，如单片机的 P1 ～ P8，与电阻的 P1 ～ P8 本来是需要一个一个画连接线段的，但是这样整个原理图将有非常多的连线，看起来很不简洁，很凌乱，于是可通过放置网络标签来进行连接，如图 5-49 所示。

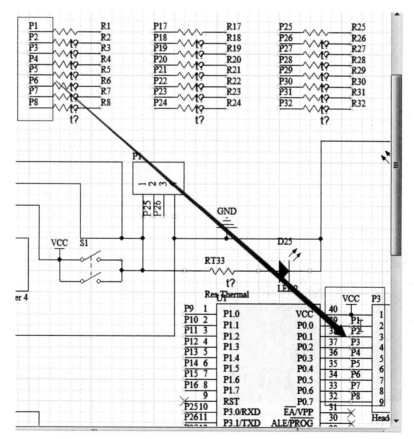

图 5-49　网络标签的连接

（5）给电阻增加网络标识。双击查看一下电阻，从 RT1 ～ RT32，将电阻进行网络标识，全部命名，如图 5-50 所示。

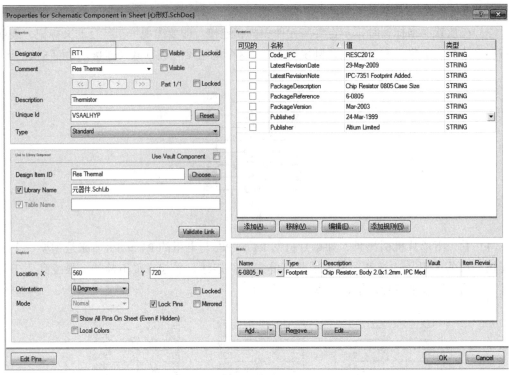

图 5-50　电阻增加标识

2．绘制 PCB 心形板子

首先看一下这个 PCB。这个 PCB 的形状是心形，首先要学会心形板子的绘制。

1）新建一个 PCB 文件

普通 PCB 的外形是长方形的，如图 5-51 所示。

2）绘制心形板子

（1）切换到禁止布线层，如图 5-52 所示。

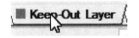

图 5-51　普通 PCB 的外形　　　　　　　　　　　图 5-52　切换到禁止布线层

选择禁止布线层的原因是，所有的元件连接线路将在这个封闭图形内部进行布线；封闭图形外的元件则不会布线，将以飞线形式存在。

（2）在这个层次开始画走线和扇形，特别注意要绘制成一个封闭图形。

（3）绘制一个扇形。可以双击该扇形设置此扇形的半径，同时通过鼠标左键选择两端点调整扇形的形状，如图 5-53 所示。

（4）选择扇形，选择"编辑"｜"拷贝"命令，然后选择"粘贴"命令，出现一个同样大小的扇形，如图 5-54 所示。

图 5-53　绘制扇形

图 5-54　粘贴扇形

（5）绘制另一个扇形，也可以将该扇形复制、粘贴为一个新的扇形，然后调整半径和形状，如图 5-55 所示。

（6）调整下面一个扇形的大小和形状，如图 5-56 所示。

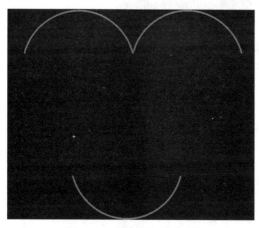

图 5-55　绘制另一个扇形

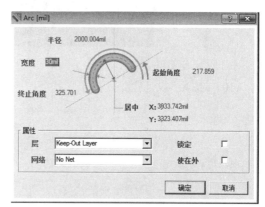

图 5-56　调整扇形的大小和形状

（7）调整后的形状如图 5-57 所示。

（8）绘制两边的走线，完成一个封闭图形，如图 5-58 所示。

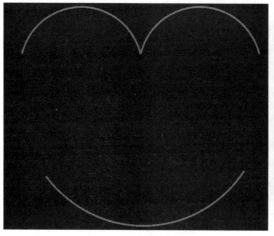

图 5-57　调整后的形状

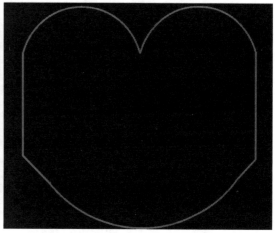

图 5-58　绘制完的图形

（9）按住【Shift】键，一个一个单击走线和扇形；或者按键盘上的【Ctrl+A】组合键，如图 5-59 所示。

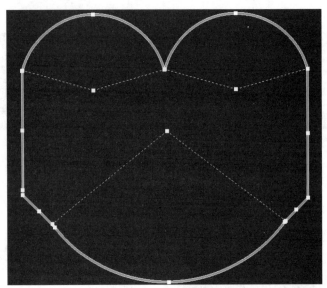

图 5-59　选择全部走线

（10）选择"设计"｜"板子形状"｜"按照选择对象定义"命令，如图 5-60 所示。

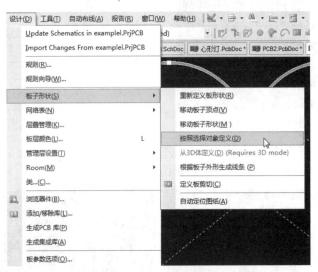

图 5-60　选择"按照选择对象定义"命令

（11）执行该命令后，弹出一个对话框，如图 5-61 所示。

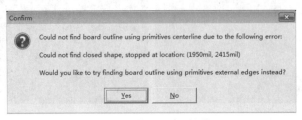

图 5-61　弹出一个对话框

（12）单击 Yes 按钮后的结果如图 5-62 所示。

图 5-62　单击 Yes 按钮后的结果

从图 5-62 中可以看出，已经绘制了需要的心形电路板。特别注意，一定要绘制成一个封闭图形，否则想要的 PCB 形状是制作不成功的。

3．原理图更新到 PCB

（1）检查原理图的元件封装，对于没有提供元件封装的，需要自己绘制该元件的封装或者修改集成元件库中的相似元件的封装。

（2）封装管理器检查封装后，如果没有错误，则可以更新到 PCB。

① 选择"设计"|Update PCB Document PCB1.PcbDoc 命令，弹出"工程更改顺序"对话框，如图 5-63 所示。

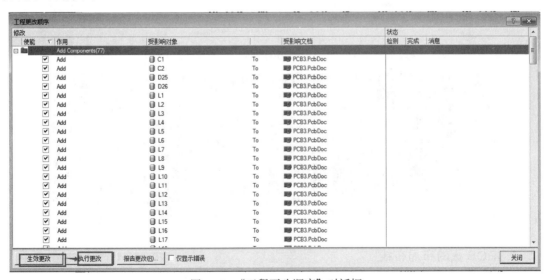

图 5-63　"工程更改顺序"对话框

② 在这个对话框中先单击"生效更改"按钮，状态栏检测显示如图 5-64 所示。

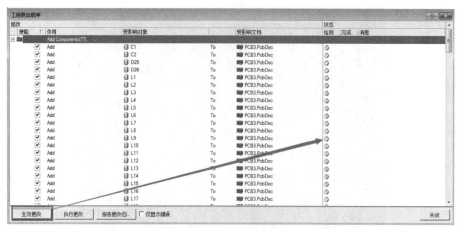

图 5-64　状态栏检测显示

③ 单击"执行更改"按钮，状态栏中的完成应打上了绿色的勾，如果出现红色的，则需要检查错误，如图 5-65 所示。

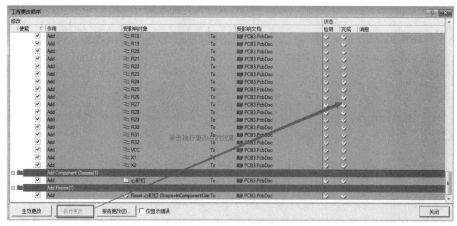

图 5-65　状态栏完成显示

④ 单击"关闭"按钮后，元件已经在 PCB 中显示出来了，如图 5-66 所示。

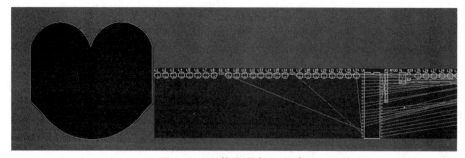

图 5-66　元件出现在 PCB 中

4．PCB 板的布局布线

1）先删除红色区域

删除红色底纹，然后将元件拖动到禁止布线层所封闭的图形内，如图 5-67 所示。

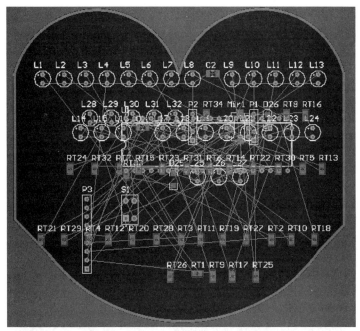

图 5-67　元件拖动到布线区域

2）元件自动布局

（1）选择"工具"|"器件布局"|"自动布局"命令，如图 5-68 所示。

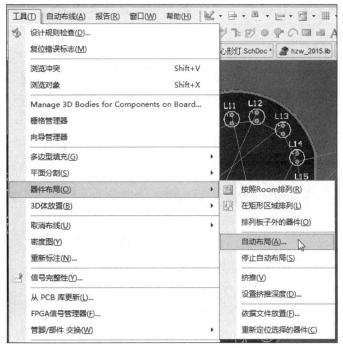

图 5-68　选择"自动布局"命令

（2）弹出"自动放置"对话框，选中"统计的放置项"单选按钮，然后选中下面的几个复选框，在"电源网络"文本框中输入 VCC，在"地网络"文本框中输入 GND，在"栅格尺寸"

文本框中输入 5 mil，如图 5-69 所示。

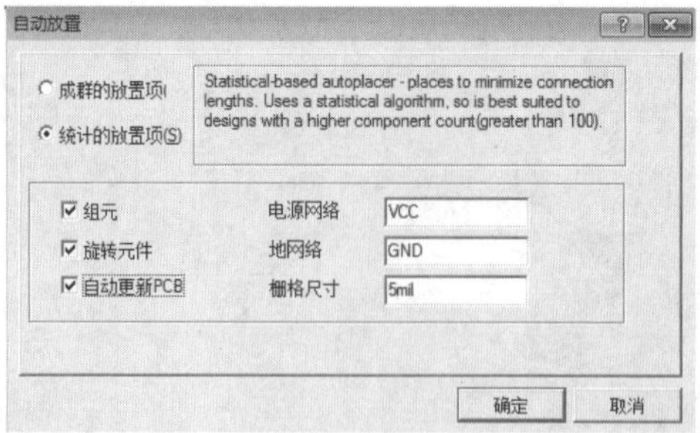

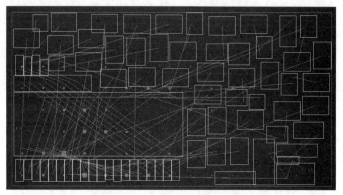

图 5-69　"自动放置"对话框

（3）自动布局的状态如图 5-70 所示。然后自动布局完成，完成后的效果如图 5-71 所示。

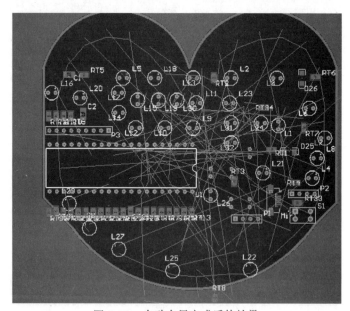

图 5-70　自动布局的状态

图 5-71　自动布局完成后的效果

3）元件的手动布局调整

自动布局后，效果并不好，还是很凌乱。因此，需要手工调整布局。

（1）先调整发光二极管，如图 5-72 所示。

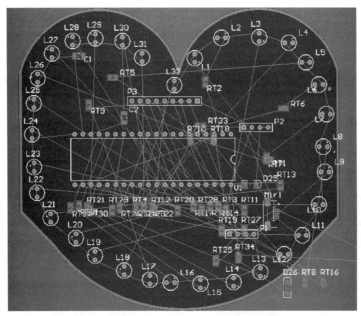

图 5-72　调整发光二极管

（2）按键盘上的【J+C】组合键，出现一个元件查找对话框，在这个对话框中查找元件，并进行拖动放置。或者可以先隐藏飞线，这样元件名称容易清楚地显示出来，不然看不见元件名称。

（3）选择"察看" | "连接" | "全部隐藏"命令，如图 5-73 所示，则可以将飞线隐藏，布局完成后，再打开飞线即可。

图 5-73　选择"全部隐藏"命令

（4）隐藏飞线的效果如图 5-74 所示。

图 5-74　隐藏飞线的效果

现在可以很清楚地看见元件名称了，这样便于拖动、布局元件。

4）元件的旋转设置

（1）一般放置元件后，是 90°旋转，如果想 30°或 45°旋转则需要更改参数，通过 DXP ｜"参数选择"，进入"参数选择"对话框。在这里可更改旋转的度数，如图 5-75 所示。

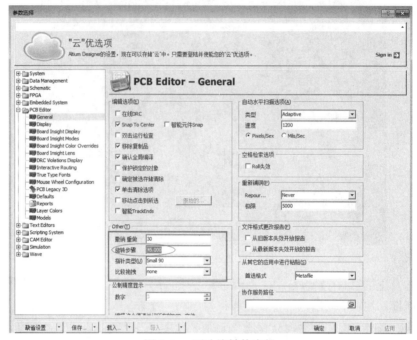

图 5-75　更改旋转的度数

（2）元件旋转后的效果如图 5-76 所示。

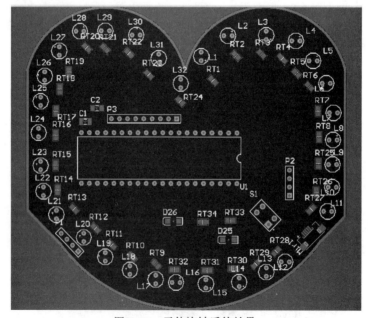

图 5-76　元件旋转后的效果

5）PCB 布线规则设置

（1）选择"设计"|"规则"命令，即可打开"PCB 规则及约束编辑器"对话框。在该对话框中选择设置布线的最小间距，如图 5-77 所示。

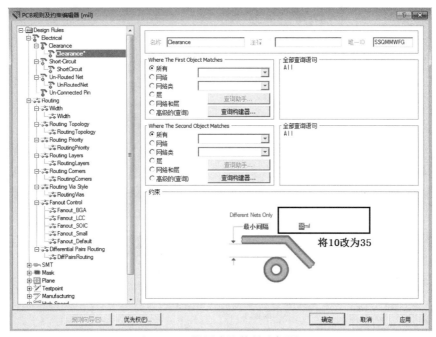

图 5-77　设置布线的最小间距

（2）设置 PCB 布线的宽度，它的默认线宽是 10 mil，如图 5-78 所示。

图 5-78　设置 PCB 布线的宽度

（3）修改电源和地线的宽度，建立新规则。在 Width 上右击，在弹出的快捷菜单中选择"新规则"命令，即可建立一个新规则，如图 5-79 所示。

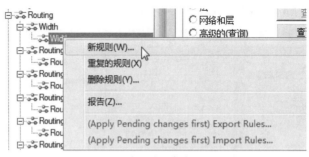

图 5-79　建立新规则

（4）增加 VCC 的规则，设置线宽为 40 mil，如图 5-80、图 5-81 所示。

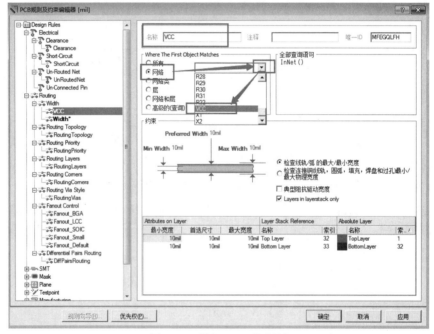

图 5-80　增加 VCC 的规则

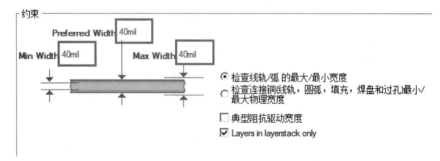

图 5-81　设置线宽为 40 mil

（5）增加 GND 的线宽规则，同样设置为 40 mil，如图 5-82 所示。

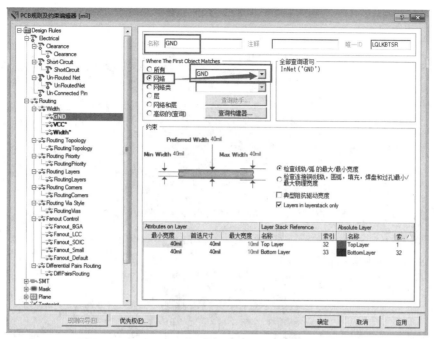

图 5-82　增加 GND 的线宽规则

6）PCB 的布线

（1）选择"自动布线"｜"全部"命令，弹出"Situs 布线策略"对话框，选中"锁定已有布线"和"布线后消除冲突"复选框，再单击 Route All 按钮，则会出现自动布线的过程，如图 5-83所示。

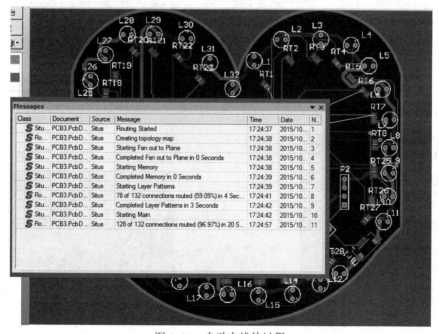

图 5-83　自动布线的过程

（2）自动布线后，需要检查一下是不是所有的元件都布线完成，是否有没有完成的元件，如果有，还需要调整元件的布局，然后再重新布线。自动布线的效果如图 5-84 所示。

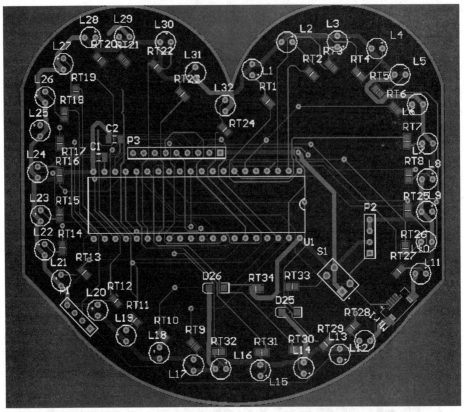

图 5-84　自动布线的效果

（3）发现有些元件的线并没有完成，还需要进行修改。C2 元件外的这根线没有布好，是异型的，需要删除重新布线，如图 5-85 所示。

（4）首先恢复显示网络飞线，删除这个线后，网络将是飞线显示，然后选择自动布线，连接。将光标移动到此飞线上，重新布线，布线的效果用圆圈圈出来了，如图 5-86 所示。

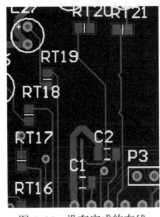

图 5-85　没有完成的布线

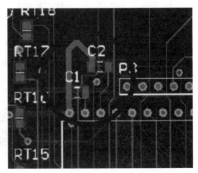

图 5-86　修改后的布线

（5）最后的布线效果如图 5-87 所示。

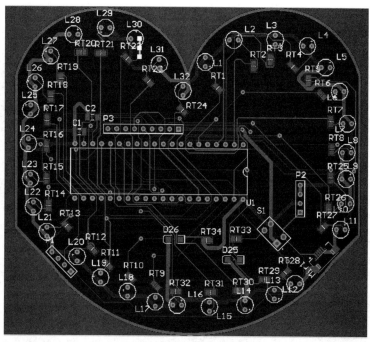

图 5-87　最后的布线效果

5．PCB 放置泪滴和敷铜

（1）选择"工具"|"滴泪"命令。

（2）出现泪滴选项，可以保持默认。

（3）PCB 的焊盘增加了泪滴。

（4）选择"放置"|"多边形敷铜"命令。在弹出的"多边形敷铜"对话框中进行设置，如图 5-88 所示。

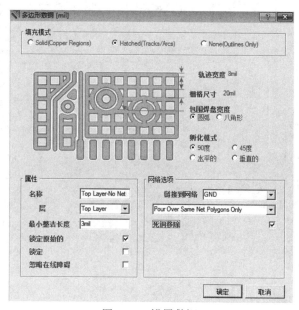

图 5-88　设置敷铜

（5）用鼠标拖动区域，将整个板子包围，在顶层和底层进行敷铜，然后形成如图 5-89、图 5-90 所示的效果。

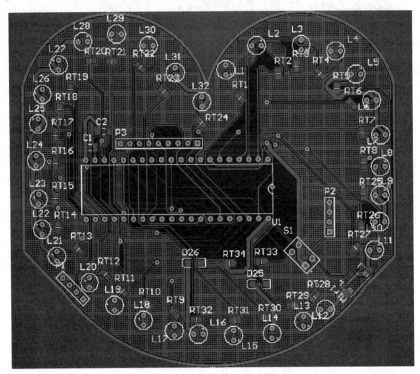

图 5-89　顶层敷铜的效果

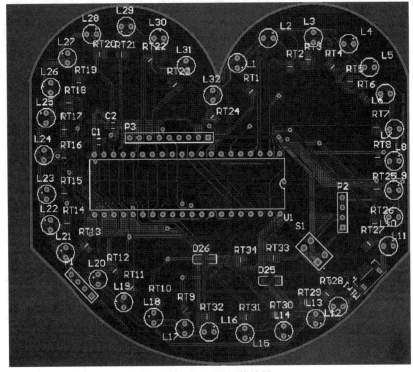

图 5-90　底层敷铜的效果

任务评价

在任务实施完成后，读者可以填写表 5-2，检测一下自己对本任务的掌握情况。

表 5-2　任务评价

任务名称				学　时		2
任务描述				任务分析		
实施方案				教师认可：		
问题记录	1.		处理方法	1.		
	2.			2.		
	3.			3.		
成果评价	评价项目	评价标准		学生自评（20%）	小组互评（30%）	教师评价（50%）
	1.	1.　（×%）				
	2.	2.　（×%）				
	3.	3.　（×%）				
	4.	4.　（×%）				
	5.	5.　（×%）				
	6.	6.　（×%）				
教师评语	评　语： 　　　　　　　　　　　成绩等级： 　　　　　教师签字：					
小组信息	班　级		第　组	同组同学		
	组长签字		日　期			

本项目中所有操作可以参考我们录制的上机视频。

自　测　题

1. 心形灯原理图元件制作的方法有哪些？
2. 心形灯封装元件制作的方法有哪些？需要制作哪几个元件？
3. 如何绘制心形灯的 PCB？
4. 上机操作：将本项目中的所有任务进行上机操作练习。

项目 6

狼牙开发板的设计与制作

项目描述

本项目将详细介绍狼牙开发板电路中的元件和封装制作，集成库元件的复制，狼牙开发板电路原理图的制作，狼牙开发板PCB的制作。

项目目标

本项目包含元件和封装的创建，原理图的绘制，PCB的绘制等。通过学习，应达到以下要求：

(1) 掌握原理图文件的创建方法。

(2) 掌握原理图元件的绘制方法。

(3) 掌握PCB封装文件的创建方法。

(4) 掌握绘制元件封装的技巧。

(5) 掌握通过向导绘制元件封装的技巧。

(6) 掌握PCB板子形状的绘制方法。

(7) 掌握PCB的布线方法。

本项目详细的操作方法读者可以参考我们录制的视频来进行学习。

任务 1 狼牙开发板的元件和封装制作

任务描述

本任务中将介绍狼牙开发板的原理图元件的制作和PCB元件的制作，其中有些知识在前面的内容中曾经介绍过，此处就不再重复介绍了。

相关知识

狼牙开发板原理图元件的制作方法与前面介绍的元件制作方法相同，读者可以按照前面介绍的方法来制作元件。在任务实施中将介绍具体步骤。

狼牙开发板的封装元件制作方法与前面的介绍也是类似的，读者可以参考任务实施中的介绍来进行操作。

任务实施

狼牙开发板
元件制作

狼牙开发板
元件制作补充

1. 狼牙开发板原理图元件制作

首先了解狼牙开发板原理图元件有哪些，原理图元件如图 6-1 所示。

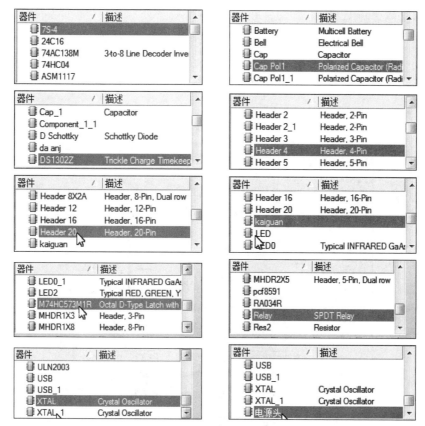

图 6-1　开发板中的元件

这些元件有些是需要自己绘制的，有些是可以在集成库中复制粘贴的。具体内容介绍如下。

1）7S-4 元件

（1）图 6-2 所示 4 个 8 字由走线绘制完成；四周的边框由矩形框绘制完成。1，2，3，4，5，6，7，8，9，10，11，12 分别代表 12 个引脚。

（2）可以通过走线工具绘制中间的 8 字，用方框工具来放置这个长方形的方框。

（3）方框和走线 8 绘制完成后，可以按图 6-2 中的显示放置引脚。图中引脚的数字是标识，那些字母是显示名字。可以在放置引脚的过程中按键盘上的【Tab】键设置引脚的属性，也可以放置后，双击引脚来更改属性。图 6-3 所示是第一个引脚的属性。

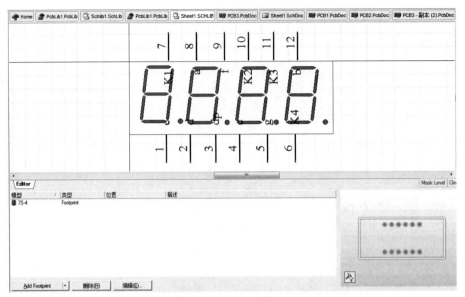

图 6-2　数码管

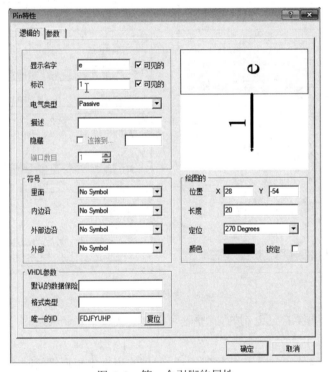

图 6-3　第一个引脚的属性

注意

所有的引脚标识不能省略，此时的显示名字也不能省略。

2）24C16 元件

画一个方框，将元件放在十字交叉的右下角，左右两边各放置 4 个引脚，如图 6-4 所示。

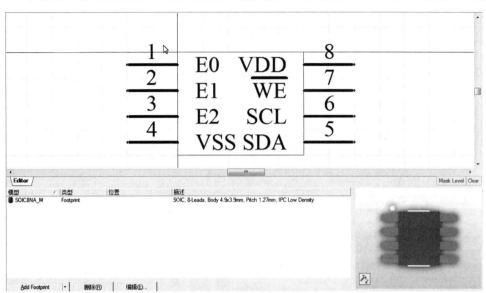

图 6-4　24C16 元件

3）74AC138M 元件

（1）绘制一个矩形边框，左右两边放置引脚，并设置引脚的电气类型，如图 6-5 所示。

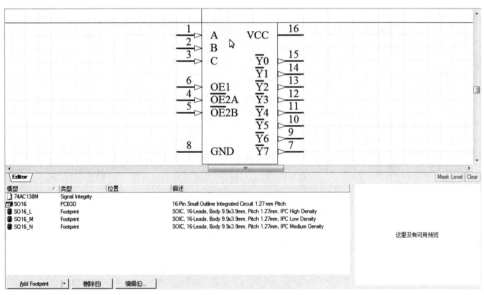

图 6-5　74AC138M 元件

（2）设置引脚。如双击引脚 2，出现图 6-6 所示的对话框，可以改变电气类型。将"电气类型"改为输入，即 Input。

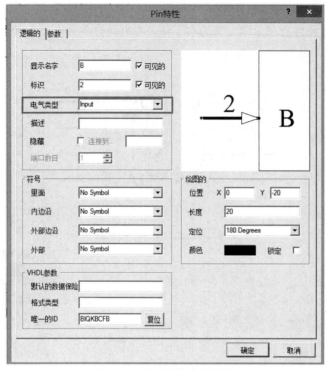

图 6-6　更改引脚电气类型

（3）双击引脚 4（OE2A 上有一根横线），在显示名字字母前加上一个"\"，如图 6-7 所示。

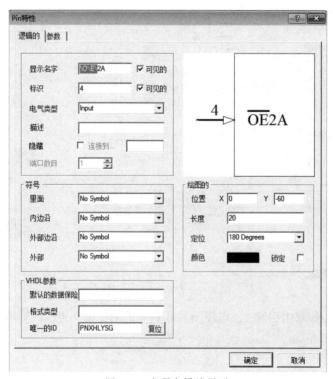

图 6-7　实现上横线显示

（4）双击引脚 16，在弹出的对话框中设置 VCC 的"电气类型"为 Power，如图 6-8 所示。

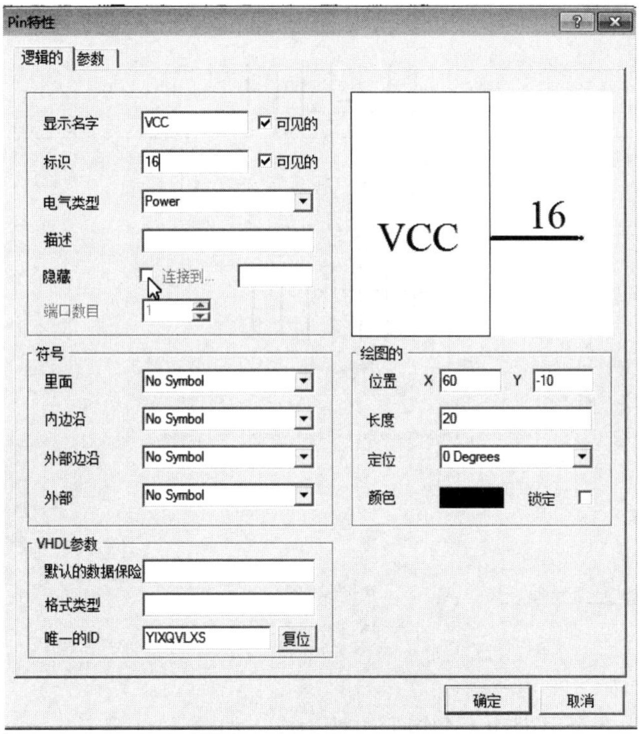

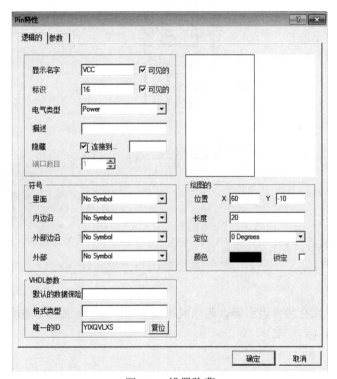

图 6-8　设置 VCC 的类型

（5）也可以将它隐藏，并连接到指定的网络。如连接到 +12 V，此时没有设置，如图 6-9 所示。

图 6-9　设置隐藏

4）74HC04 元件

绘制方法同前，先画一个矩形边框，上下再各画 7 个引脚，如图 6-10 所示。

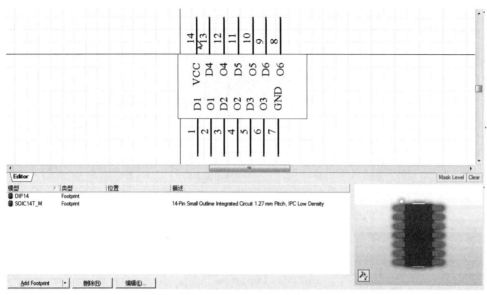

图 6-10　74HC04 元件

5）ASM1117 元件

ASM1117 元件由 3 个引脚和 1 个矩形边框构成，如图 6-11 所示。

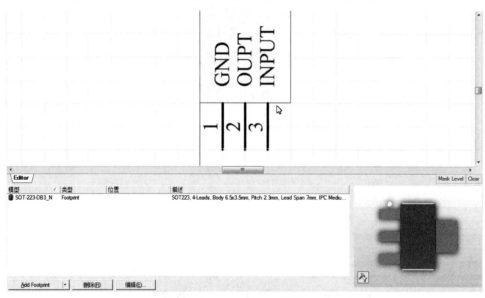

图 6-11　ASM1117 元件

6）Battery 元件

这是电池元件，黑色线代表引脚，蓝色线代表走线，这个元件可以在集成库中复制，不需要自己绘制，如图 6-12 所示。

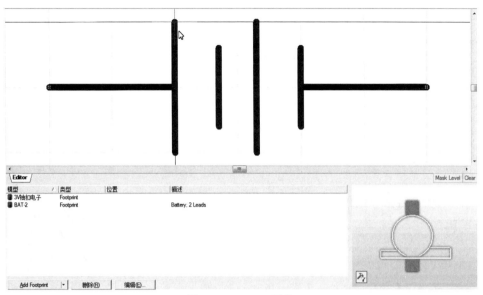

图 6-12　Battery 元件

7）Bell 元件

Bell 元件由两条走线和两个引脚构成，这个元件也可以在集成库中复制，不需要自己绘制，如图 6-13 所示。

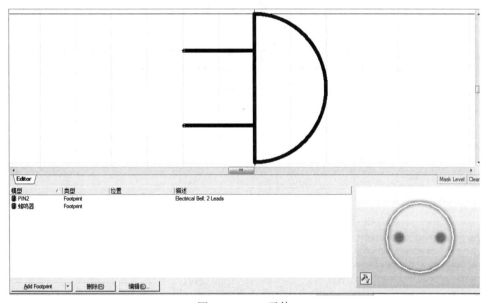

图 6-13　Bell 元件

8）CAP 元件

以 CAP 字母开始的元件代表电容。集成电容可以直接从集成库中调用，不用绘制，容量为 20，其他容量的也可直接复制，只在原理图中更改一下数值即可，如图 6-14 所示。

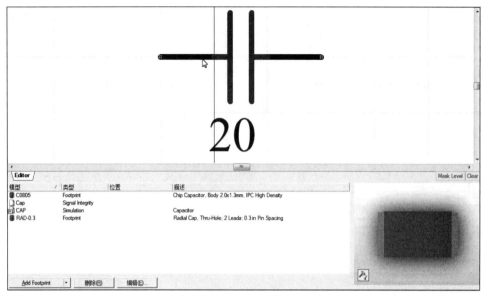

图 6-14　CAP 元件

9）Cap Pol1、Cap Pol1-1 元件

这个电容的符号如图 6-15 所示，也可以从集成库中复制。

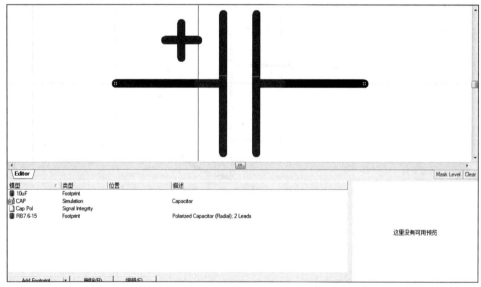

图 6-15　Cap　Pol1、Cap　Pol1-1 元件

10）Component-1-1

这个元件有 40 个引脚，需要先画矩形方框，然后再添加 40 个引脚。要注意的是，要设置元件的引脚属性，如图 6-16 所示。

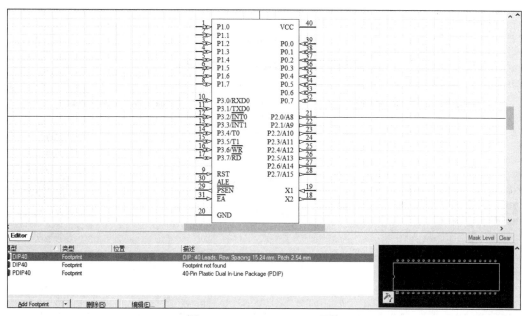

图 6-16 Component-1-1 元件

11）D Schottky 元件

这是一个稳压二极管，如图 6-17 所示，该元件可以直接复制。

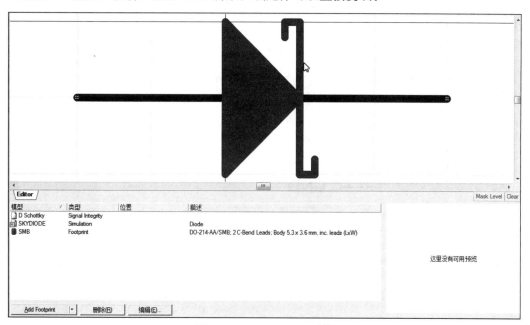

图 6-17 D Schottky 元件

12）Da anj

这是一个按键开关，可以直接复制，如图 6-18 所示。在集成库中的名称是 SW-PB。

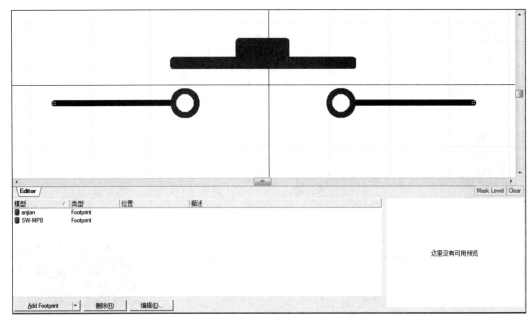

图 6-18　按键开关

13）DS1302Z 元件

这是一个 8 引脚的集成块，按图 6-19 所示添加引脚，注意引脚的电气类型，它的封装是 SOIC8N。

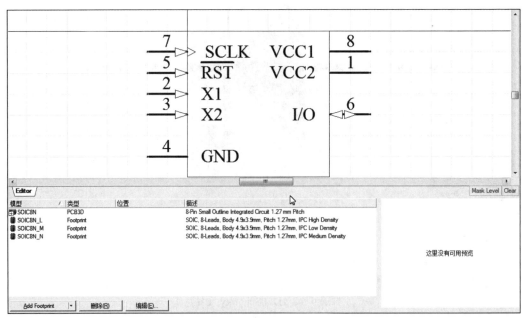

图 6-19　DS1302Z 元件

双击引脚 7，里面的箭头是由于内边沿选择了 Clock，外面箭头的电气类型是 Input，如图 6-20 所示。

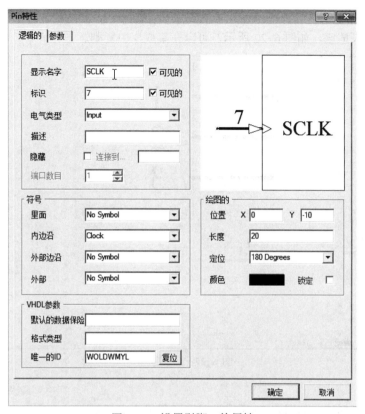

图 6-20　设置引脚 7 的属性

14）Header 2 和 Header 2-1

这两个元件都是两脚插座，可以在集成库中复制，如图 6-21 所示。

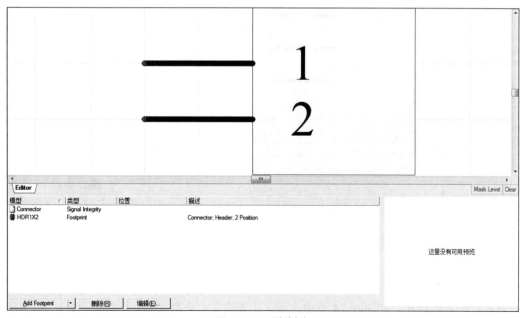

图 6-21　两脚插座

15）Herder3

这是一个三脚插座，如图 6-22 所示。可以在集成库中复制。

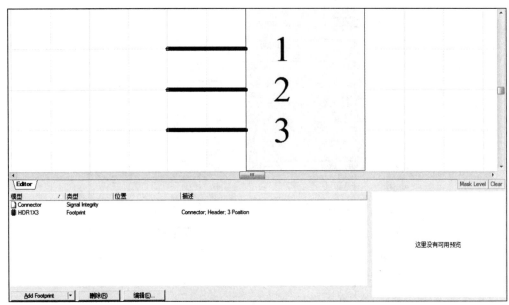

图 6-22　三脚插座

16）Herder4

这是一个四脚插座，如图 6-23 所示。可以在集成库中复制。

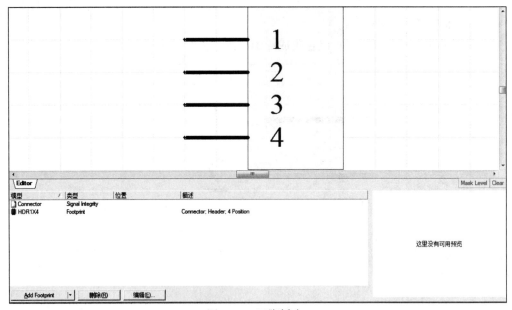

图 6-23　四脚插座

17）Header5

这是一个五脚插座，如图 6-24 所示。可以在集成库中复制。

图 6-24　五脚插座

18）Header6

这是一个六脚插座，如图 6-25 所示。可以在集成库中复制。

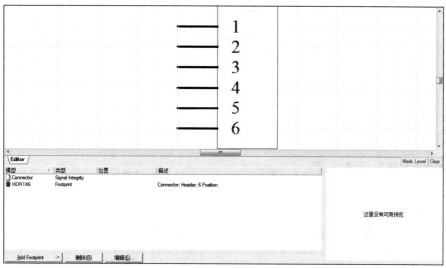

图 6-25　六脚插座

19）Header 8x2a

这是一个十六脚插座，如图 6-26 所示。可以在集成库中复制。

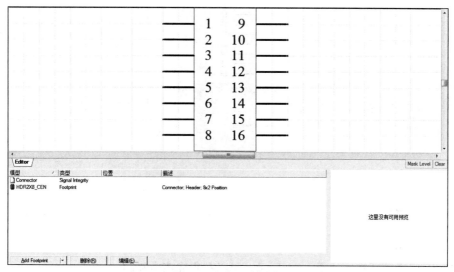

图 6-26　十六脚插座

20）Header12

这是一个十二脚插座，如图 6-27 所示。可以在集成库中复制。

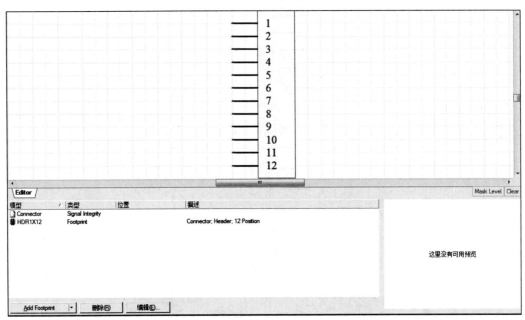

图 6-27　十二脚插座

21）Header16

这是一个十六脚插座，如图 6-28 所示。可以在集成库中复制。

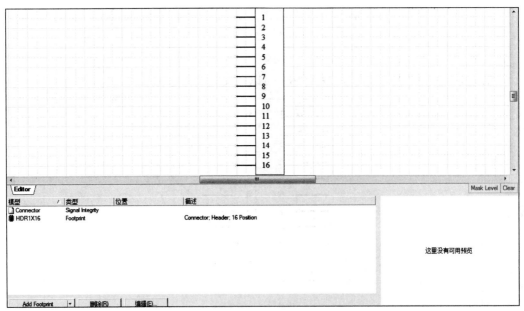

图 6-28　十六脚插座

22）Header20

这是一个二十脚插座，如图 6-29 所示。可以在集成库中复制。

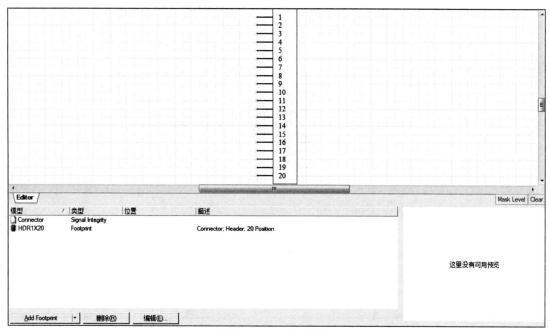

图 6-29 二十脚插座

23）Kaiguan

这是一个开关，它的引脚有 6 个，可以自己绘制，如图 6-30 所示。

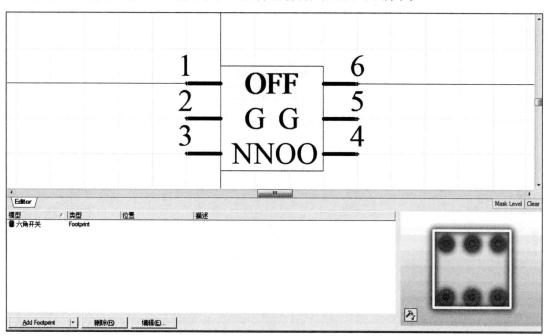

图 6-30 六脚开关

24）LED、LED0、LED0-1、LED2

这是一个发光二极管，如图 6-31 所示。可以在集成库中复制。

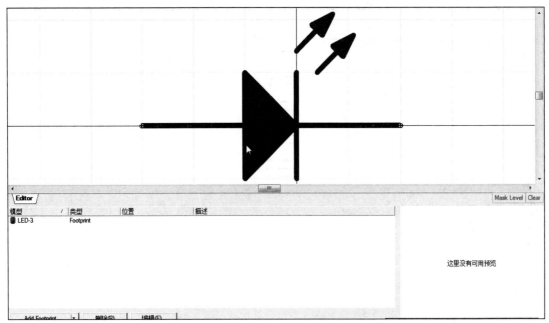

图 6-31　发光二极管

25）M74HC573M1R 元件

这是一个二十脚的集成块，如图 6-32 所示，封装为 SO20。

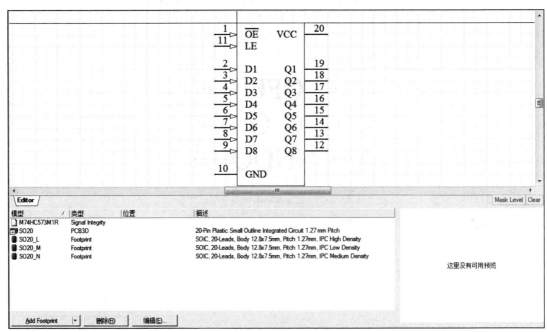

图 6-32　M74HC573M1R 元件

26）MHDR1X3 元件

这可以用一个三脚插座，直接在集成库中复制，如图 6-33 所示。

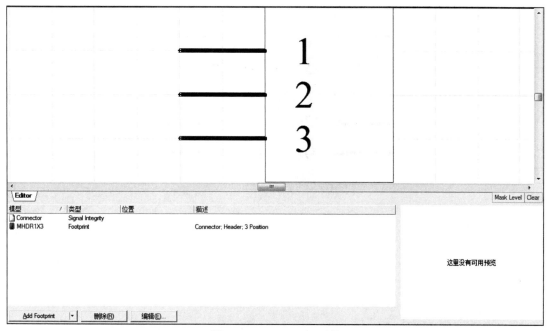

图 6-33　MHDR1X3 元件

27）MHDR1X8 元件

这可以用一个八脚插座，直接在集成库中复制，如图 6-34 所示。

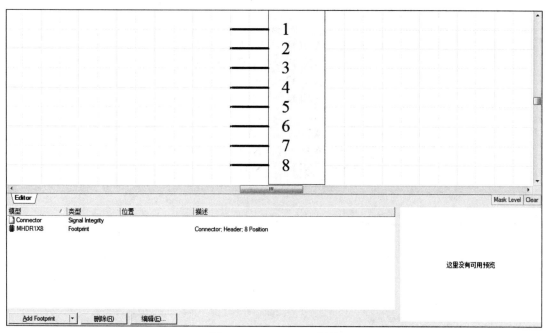

图 6-34　MHDR1X8 元件

28）MHDR2X5 元件

这可以用一个十脚插座，直接在集成库中复制，如图 6-35 所示。

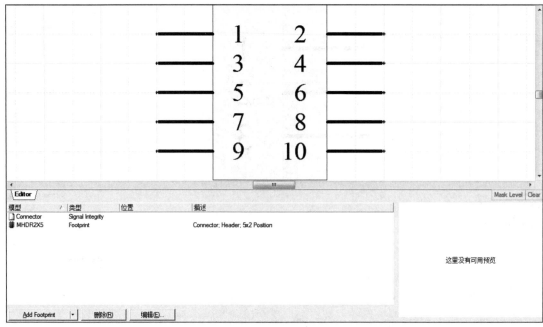

图 6-35   MHDR2X5 元件

29）Pcf8591

这是一个十六脚的集成电路，可以自己绘制，如图 6-36 所示。

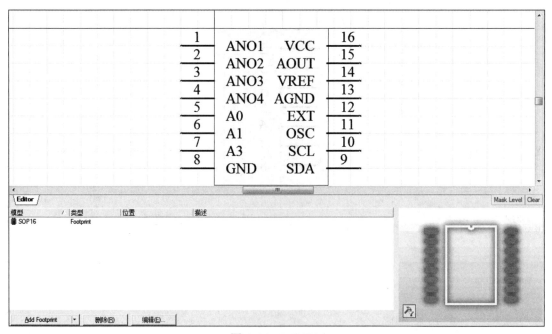

图 6-36   Pcf8591

30）RA034P

这是由 4 个电阻组成的排电阻，可以自己绘制，如图 6-37 所示。

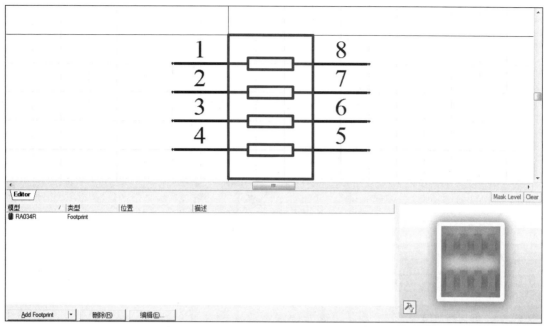

图 6-37　RA034P（排电阻）

31）Relay

这是一个继电器，可以在集成库中复制，如图 6-38 所示。

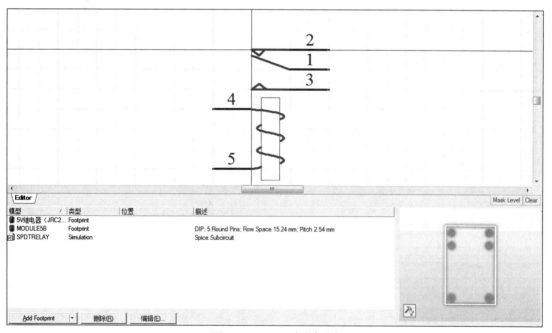

图 6-38　Relay（继电器）

32）Res2

这是一个普通电阻，可以在集成库中复制，如图 6-39 所示。

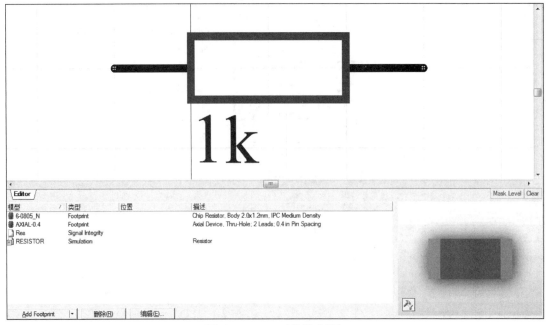

图 6-39　Res2（普通电阻）

33）RES-2

这是一个电位器，可以在集成库中复制，如图 6-40 所示。

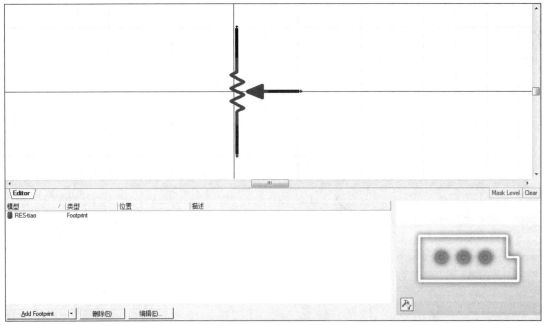

图 6-40　RES-2（电位器）

34）ULN2003

这是一个十六脚的集成电路，可以自己绘制，如图 6-41 所示。

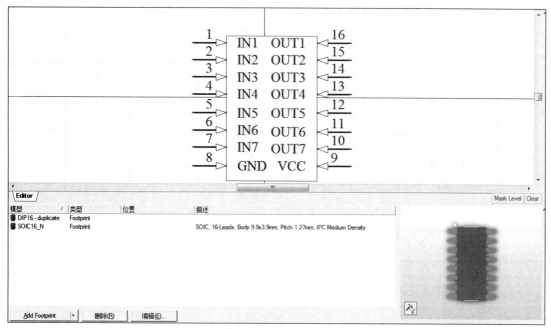

图 6-41　ULN2003

35）USB

这是 USB 元件的符号，可以自己绘制，如图 6-42 所示。

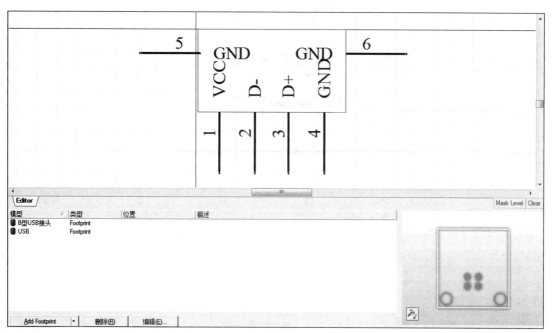

图 6-42　USB

36）XTAL

这是晶振，可以在集成库中复制，如图 6-43 所示。

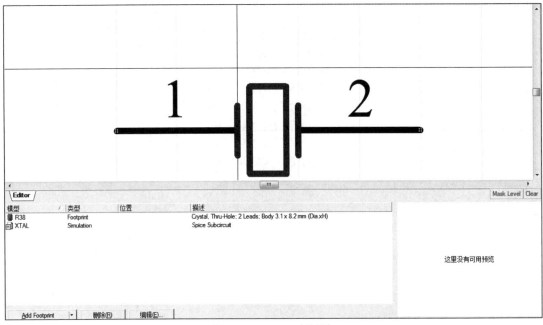

图 6-43　XTAL（晶振）

37）电源头

这个元件可以自己绘制，如图 6-44 所示。注意引脚的显示名称和电气类型。

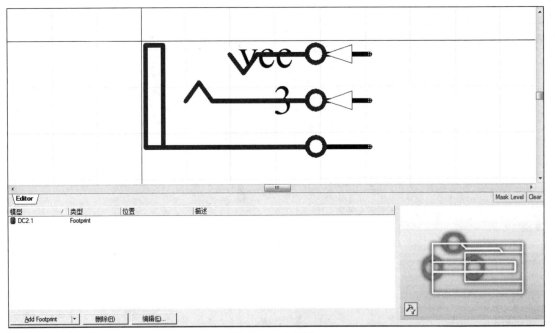

图 6-44　电源头

狼牙开发板的原理图元件就介绍到这里，有不清楚的可以参考我们录制的视频文件。

2．狼牙开发板封装元件制作

操作步骤如下：

狼牙开发板封装元件如图 6-45 所示。

狼牙板封装绘制　　狼牙板封装补充

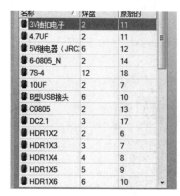

名称	焊盘	原理时
3V袖扣电子	2	11
4.7UF	2	11
5V继电器（JRC	6	12
6-0805_N	2	14
7S-4	12	18
10UF	2	7
B型USB接头	6	10
C0805	2	13
DC2.1	3	17
HDR1X2	2	6
HDR1X3	3	7
HDR1X4	4	8
HDR1X5	5	9
HDR1X6	6	10

名称	焊盘	原理时
HDR1X12	12	17
HDR1X16	16	21
HDR1X20	20	25
HDR2X5_CEN	10	18
HDR2X8_CEN	16	24
PIC40插槽	40	47
R38	2	4
RA034R	8	12
RES-TIAO	3	9
SMB	2	12
SO16_N	16	33
SO20_N	20	38
SOIC8NA_M	8	25
SOIC8N_N	8	25

名称	焊盘	原理时
SOIC14T_M	14	31
SOIC16_N	16	33
SOP16	16	22
SOT-223-DB3_I	4	20
X	2	6
两脚按键	2	7
六角开关	6	10
接头	2	6
蜂鸣器	2	3

图 6-45　封装元件

1）3 V 电池

（1）图 6-46 所示为一个 3 V 的封装电池，它主要由圆弧走线、直线走线、上下各两个引脚（焊盘）构成。

（2）直接双击绘制好的引脚，就是上面的焊盘，在"属性"栏中可以看到焊盘属于 Top Layer 层，可以改变它的形状，如图 6-47 所示。

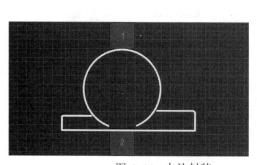

图 6-46　电池封装

图 6-47　焊盘属性设置

（3）测试焊盘的距离如图 6-48 所示。

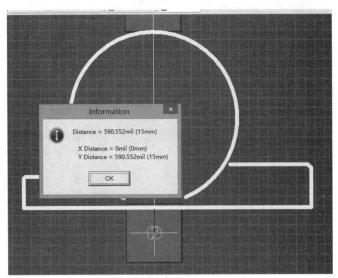

图 6-48　测试焊盘的距离

2）4.7UF 电容[①]

封装如图 6-49 所示。图中的走线，在丝印层绘制测试焊盘的距离，如图 6-50 所示。

图 6-49　4.7UF 电容的封装

图 6-50　测试焊盘的距离

---

① 4.7UF 电容即 4.7 μF 电容，下同。

3）5V 继电器

（1）四周是走线，里面共 5 个焊盘和 1 个坐标原点，如图 6-51 所示。

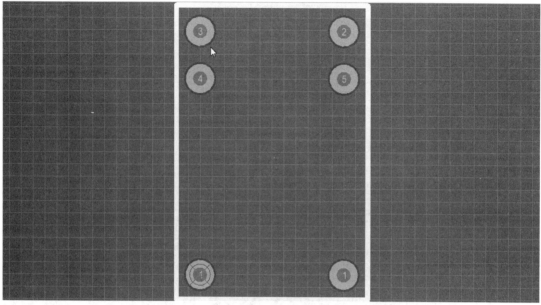

图 6-51　5 V 继电器的封装

（2）选择"报告" │ "测量距离"命令测量距离，如图 6-52 所示。

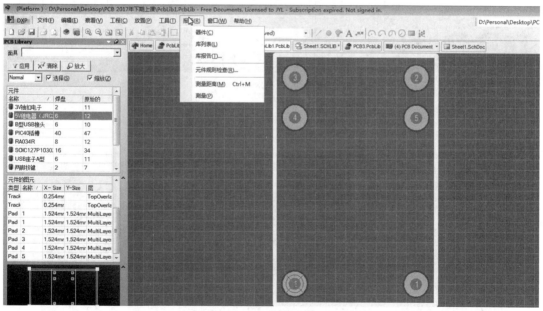

图 6-52　测量距离

（3）测量焊盘 3 和焊盘 2 的距离为 300mil，弹出距离提示信息，如图 6-53 所示。

（4）同样方法，测量焊盘 3 和焊盘 4 的距离，弹出距离提示信息，如图 6-54 所示。

（5）测量焊盘 4 和焊盘 1 的距离，弹出距离提示信息，如图 6-55 所示。

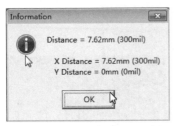

图 6-53　焊盘 3 和焊盘 2 距离
提示信息

图 6-54　焊盘 3 和焊盘 4 距离
提示信息

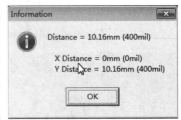

图 6-55　焊盘 4 和焊盘 1 距离
提示信息

4）6-0805 元件

这个元件可以在集成库中复制，如图 6-56 所示。

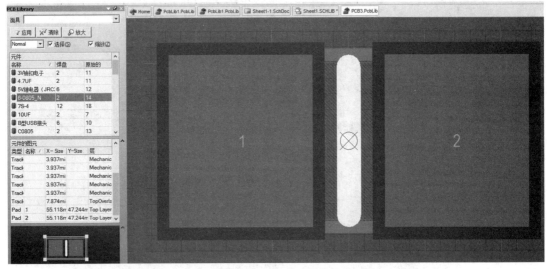

图 6-56　6-0805 元件

5）7S-4 元件

（1）7S-4 元件封装如图 6-57 所示。

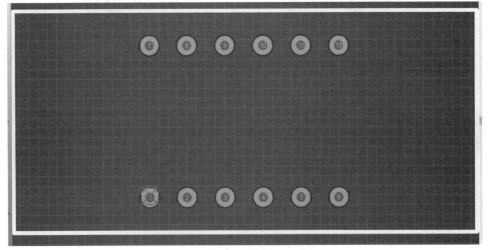

图 6-57　7S-4 元件封装

（2）测量第 1 引脚和第 2 引脚的距离，如图 6-58 所示。

（3）测量第 1 引脚和第 7 引脚的距离，如图 6-59 所示。

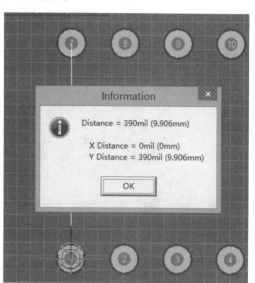

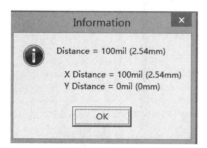

图 6-58　测量第 1 引脚和第 2 引脚的距离

图 6-59　测量第 1 引脚和第 7 引脚的距离

6）10UF 电容

（1）封装如图 6-60 所示。

图 6-60　10UF 电容封装

（2）测量第 1 引脚和第 2 引脚的距离，如图 6-61 所示。

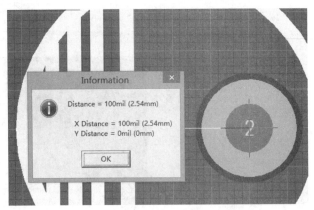

图 6-61　测量第 1 引脚和第 2 引脚的距离

7）B 型 USB 接头

（1）外形如图 6-62 所示。

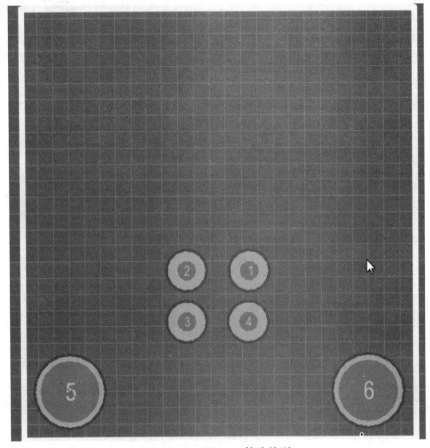

图 6-62　B 型 USB 接头外形

（2）利用之前的方法，测量焊盘 1 和焊盘 2 的距离，如图 6-63 所示。

（3）测量焊盘 5 和焊盘 6 的距离，如图 6-64 所示。

（4）测量焊盘 5 和焊盘 3 的距离，如图 6-65 所示。

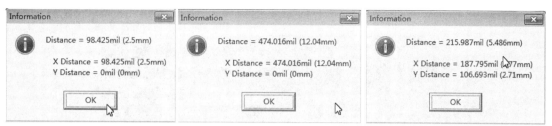

图 6-63 测量焊盘 1 和焊盘 2
的距离

图 6-64 测量焊盘 5 和焊盘 6
的距离

图 6-65 测量焊盘 5 和焊盘 3
的距离

8）C0805

这是电容元件，可以直接复制，如图 6-66 所示。

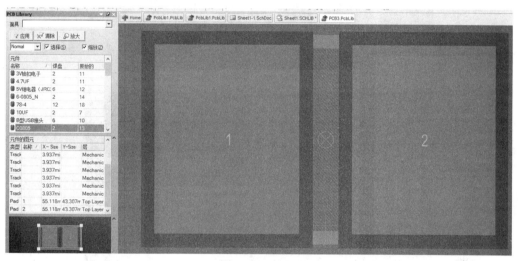

图 6-66 C0805

9）DC2.1

这个元件的封装如图 6-67 所示。

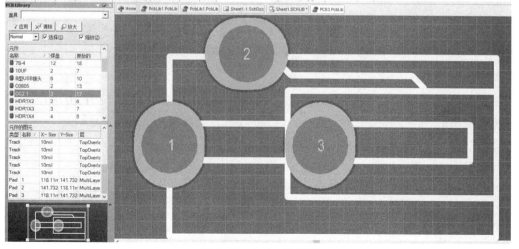

图 6-67 DC2.1 的封装

测量第 1 引脚和第 3 引脚的距离，如图 6-68 所示。

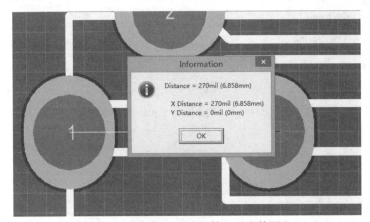

图 6-68　测量第 1 引脚和第 3 引脚的距离

测量第 2 引脚到 1、3 间的中心点的距离，如图 6-69 所示。

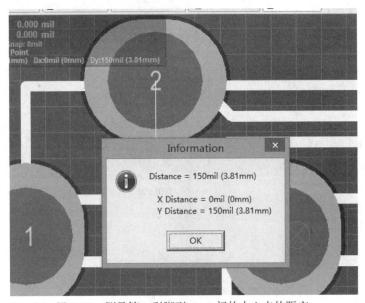

图 6-69　测量第 2 引脚到 1、3 间的中心点的距离

10）插座元件

HDR1X2, HDR1X3, HDR1X4, HDR1X5,HDR1X6,HDR1X12,HDR1X16,HDR1X20,HDR 2X5_CEN,HDR2X8_CEN 全是一些插座，这些插座元件全部可从集成库中复制。

它们的外形封装，可以参考录制的视频，在此处不再具体列出。

11）PIC40 插槽

PIC40 插槽的外形如图 6-70 所示。

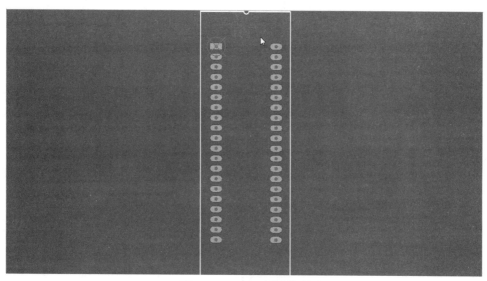

图 6-70 PIC40 插槽外形

这个元件在心形灯章节中介绍过，此处不再多述。

12）R38

封装如图 6-71 所示。这个封装是可以直接复制的。

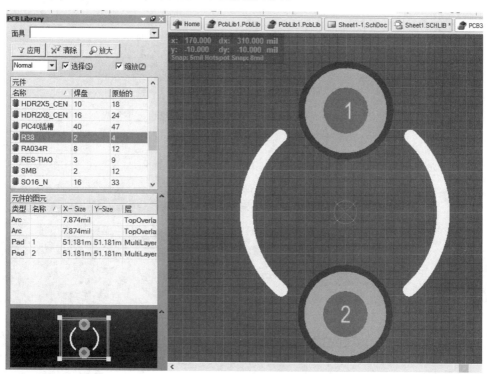

图 6-71 R38 封装

13）RA034R

（1）这个是排电阻，由走线和 8 个焊盘引脚构成，如图 6-72 所示，可以通过向导来完成制作。

图 6-72　RA034R

（2）测量焊盘 1 和焊盘 2 的水平距离，如图 6-73 所示。

（3）测量焊盘 1 和焊盘 8 的竖直距离，为 2.032 mm（80 mil），如图 6-74 所示。

图 6-73　测量焊盘 1 和焊盘 2 的水平距离　　　　图 6-74　测量焊盘 1 和焊盘 8 的竖直距离

14）RES-TIAO

这个元件是电位器，如图 6-75 所示。它的封装可以直接复制，在集成库中找 VR5 即可。

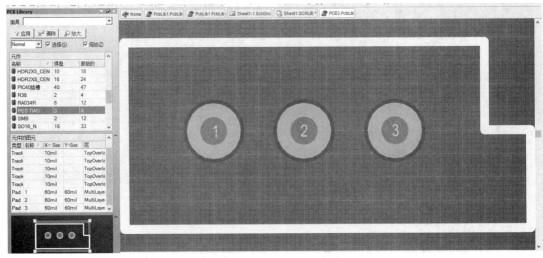

图 6-75　RES-TIAO 的封装

15）SMB

其封装是直接复制的，如图 6-76 所示。

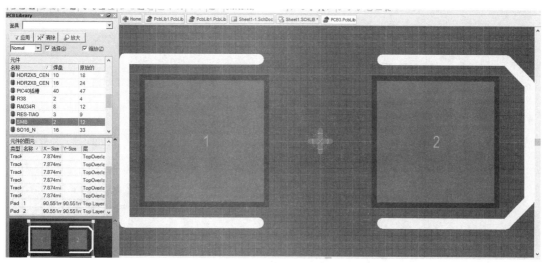

图 6-76 SMB 的封装

16）SO16_N

（1）封装如图 6-77 所示，这个封装可以通过向导来完成。

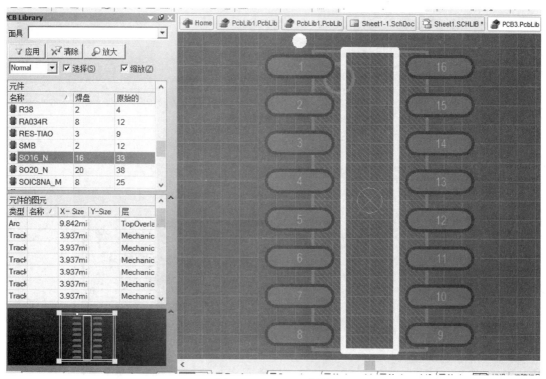

图 6-77 SO16_N 封装

（2）测量第 1 引脚和第 16 引脚的距离，为 4.8 mm，如图 6-78 所示。

通过"IPC 封装向导"来完成绘制。制作过程如下：

（1）选择"工具"｜"IPC 封装向导"命令，如图 6-79 所示。

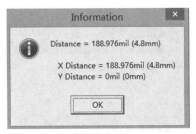

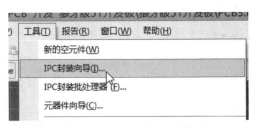

图 6-78　测量第 1 引脚和第 16 引脚的距离　　　　　　　　图 6-79　选择"IPC 封装向导"命令

（2）在弹出的对话框中单击"下一步"按钮，然后选择 SOP，如图 6-80 所示。

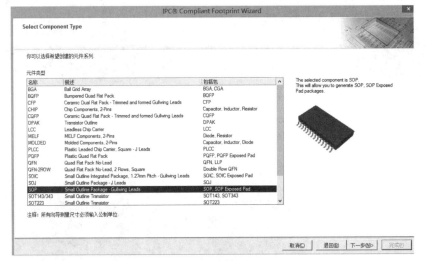

图 6-80　选择 SOP

（3）单击"下一步"按钮，出现 SOP 总尺寸和 Pin 信息对话框，如图 6-81 所示。

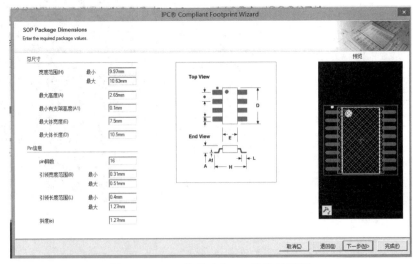

图 6-81　SOP 总尺寸和 Pin 信息对话框

（4）在这个对话框中可以设置 Pin 引脚数量，还可以修改这个元件的走线和 3D 走线的水平距离，也可以修改这个元件的竖直高度。由于在上面的测试焊盘的距离中测试焊盘的水平距离只有 4.8 mm，因此需要修改总尺寸的"宽度范围"和"最大体宽度"的值，如图 6-82 所示。修改后可以单击"下一步"按钮，看修改的效果，如果不符合要求，返回上一步，重新修改。

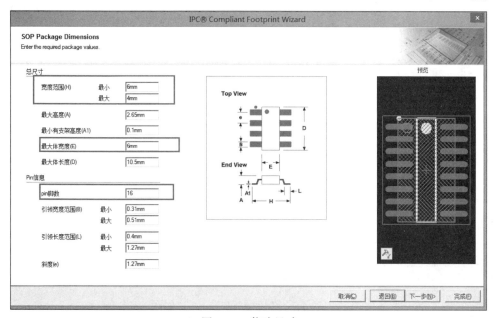

图 6-82　修改尺寸

（5）单击 6 次"下一步"按钮，得到如图 6-83 所示的对话框，在该对话框中不选中"使用计算封装值"复选框，修改"焊盘间隔"为 4.8 mm，图中为 5.8 mm，原来曾经做过元件，而"焊盘间隔"的默认值是 9.1 mm，要注意这点。

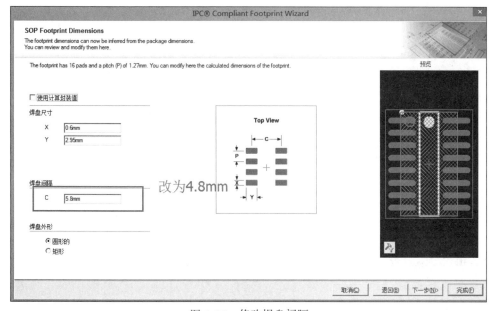

图 6-83　修改焊盘间隔

（6）修改焊盘间隔后，再单击 3 次"下一步"按钮，出现"使用暗示值"对话框，不选中"使用暗示值"复选框，命名为 SO16_N，如图 6-84 所示。

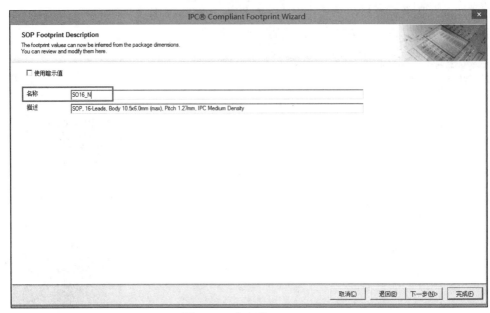

图 6-84　命名为 SO16_N

（7）单击"下一步"按钮，出现选择封装增加的路径，如图 6-85 所示。

图 6-85　选择封装增加的路径

（8）单击"下一步"按钮，再单击"完成"按钮即可创建这个封装，如图 6-86 所示。

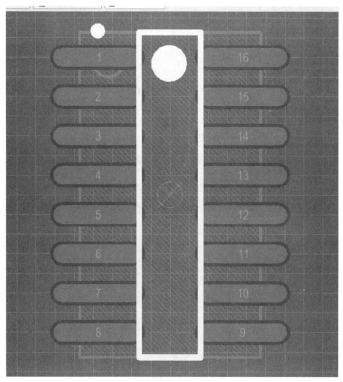

图 6-86 制作的封装

17）SO20_N

（1）封装如图 6-87 所示。测量第 1 引脚和第 20 引脚的距离，如图 6-88 所示，然后通过向导来制作。

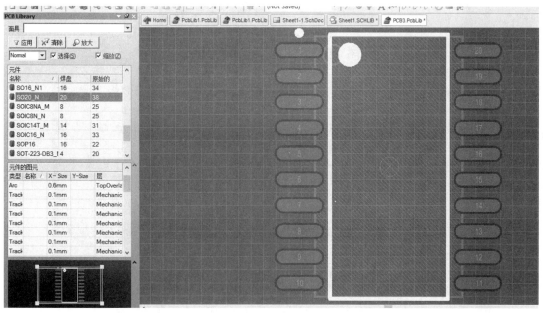

图 6-87 SO20_N 封装

（2）要注意的是，该元件引脚为 20 个，需要在制作时更改"pin 脚数"为 20，同时，由于默认是 16，因此需要在"总尺寸"区域中修改"最大体长度"，其他的可以默认，制作过程不再多述。

18）SOIC8

（1）封装如图 6-89 所示。

图 6-88　测量第 1 引脚和第 20 引脚的距离

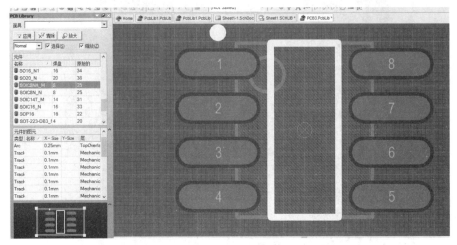

图 6-89　SOIC8 封装

（2）测量第 1 引脚和第 8 引脚的距离如图 6-90 所示。

（3）同样可以通过 IPC 向导来制作，制作过程不再多述，请读者自己完成。

19）SOIC14

（1）封装如图 6-91 所示。

图 6-90　测量第 1 引脚和第 8 引脚的距离

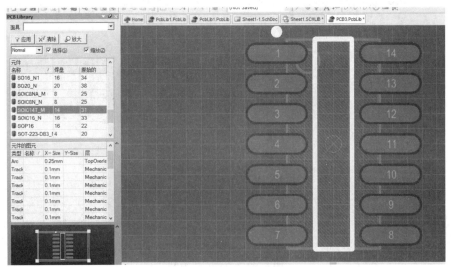

图 6-91　SOIC14 封装

（2）测量第 1 引脚和第 14 引脚的距离，如图 6-92
所示。

读者可以按前面的介绍自己制作，这里不再多述。

20）SOIC16

（1）封装如图 6-93 所示。

图 6-92　测量第 1 引脚和第 14 引脚的距离

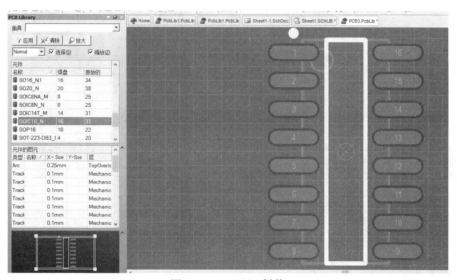

图 6-93　SOIC16 封装

（2）测量第 1 引脚和第 16 引脚的距离，如图 6-94
所示。

可以通过 IPC 向导来绘制，在制作时选择 SOIC
向导，其余过程请读者自己制作。

21）SOP16

（1）封装如图 6-95 所示。

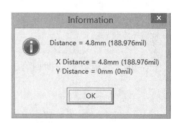

图 6-94　测量第 1 引脚和第 16 引脚的距离

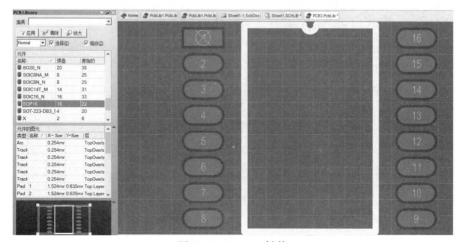

图 6-95　SOP16 封装

（2）测量第 1 引脚和第 16 引脚的距离，如图 6-96
所示。

这个元件可以通过向导来完成，制作过程略。

22）SOT223

（1）封装如图 6-97 所示。

图 6-96　测量第 1 引脚和第 16 引脚的距离

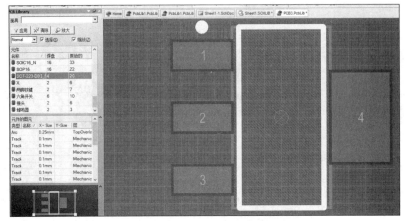

图 6-97　SOT223 封装

（2）测量第 1 引脚和第 2 引脚的距离，如图 6-98 所示。

（3）测量第 2 引脚和第 4 引脚的距离，如图 6-99 所示。

图 6-98　测量第 1 引脚和第 2 引脚的距离　　　图 6-99　测量第 2 引脚和第 4 引脚的距离

（4）双击焊盘，查看焊盘第 1 引脚的尺寸，如图 6-100 所示。

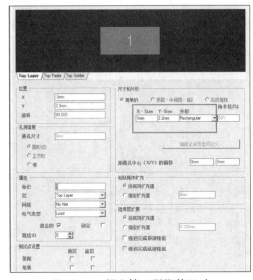

图 6-100　焊盘第 1 引脚的尺寸

（5）第 1 引脚～第 3 引脚的尺寸是一样的。双击第 4 引脚，查看它的尺寸，如图 6-101 所示。

图 6-101　第 4 引脚的尺寸

23）SOIC127P1030

（1）由 16 个贴片焊盘引脚和走线构成，可以通过向导绘制，封装如图 6-102 所示。

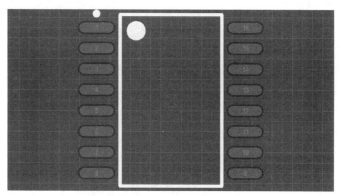

图 6-102　SOIC127P1030 封装

（2）测量焊盘 1 和焊盘 2 的竖直距离，如图 6-103 所示。

（3）测量焊盘 1 和焊盘 16 的水平距离，如图 6-104 所示。

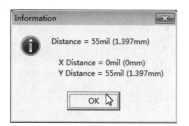

图 6-103　测量焊盘 1 和焊盘 2 的竖直距离

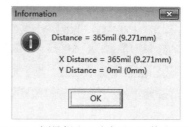

图 6-104　测量焊盘 1 和焊盘 16 的水平距离

24）USB-A

（1）外形如图 6-105 所示。

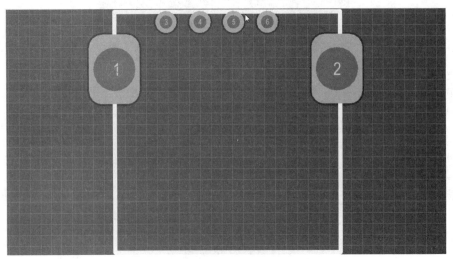

图 6-105　USB-A 外形

（2）测量焊盘 1 和焊盘 2 的距离，如图 6-106 所示。

（3）测量焊盘 3 和焊盘 4 的距离，如图 6-107 所示。

图 6-106　测量焊盘 1 和焊盘 2 的距离

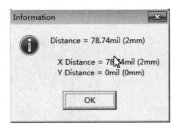

图 6-107　测量焊盘 3 和焊盘 4 的距离

25）两脚按键

（1）两脚按钮由两条走线和两个引脚构成，外形如图 6-108 所示。

（2）测量距离，如图 6-109 所示。

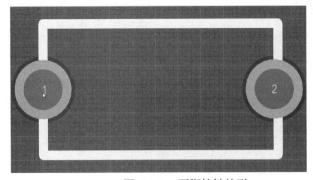

图 6-108　两脚按键外形

图 6-109　测量距离

26）六角开关

（1）外形如图 6-110 所示。

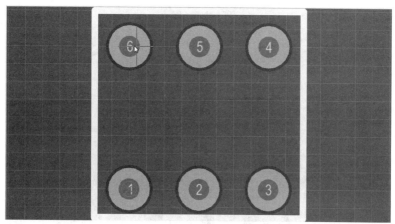

图 6-110　六角开关外形

（2）测量焊盘 1 和焊盘 6 的竖直距离，如图 6-111 所示。

（3）测量焊盘 5 和焊盘 6 的水平距离，如图 6-112 所示。

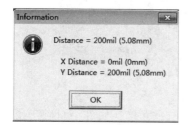

图 6-111　测量焊盘 1 和焊盘 6 的竖直距离

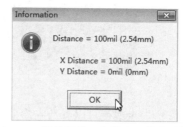

图 6-112　测量焊盘 5 和焊盘 6 的水平距离

27）接头

（1）外形如图 6-113 所示。

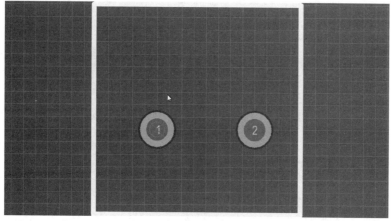

图 6-113　接头外形

（2）测量距离，如图 6-114 所示。

图 6-114　测量距离

28）蜂鸣器

（1）外形如图 6-115 所示。

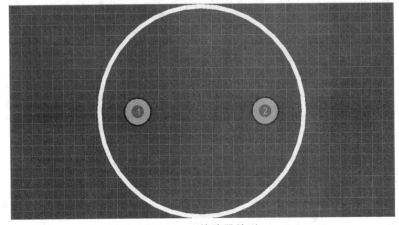

图 6-115　蜂鸣器外形

（2）单击走线就可以看到它的半径、宽度、终止角度和起始角度，如图 6-116 所示。

（3）测量距离，如图 6-117 所示。

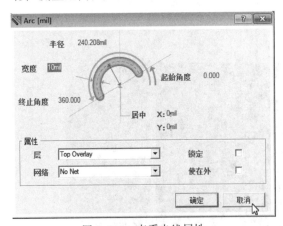

图 6-116　查看走线属性

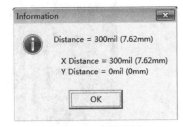

图 6-117　测量距离

任务评价

在任务实施完成后，读者可以填写表 6-1，检测一下自己对本任务的掌握情况。

表 6-1　任务评价

任务名称			学　　时		2	
任务描述			任务分析			
实施方案			教师认可：			
问题记录	1. 2. 3.		处理方法		1. 2. 3.	
成果评价	评价项目	评价标准	学生自评（20%）	小组互评（30%）	教师评价（50%）	
	1.	1.　　（×%）				
	2.	2.　　（×%）				
	3.	3.　　（×%）				
	4.	4.　　（×%）				
	5.	5.　　（×%）				
	6.	6.　　（×%）				
教师评语	评　语： 成绩等级：　　　　　　　　教师签字：					
小组信息	班　级		第　组	同组同学		
	组长签字		日　期			

任务 2　狼牙开发板原理图和 PCB 的制作

任务描述

本任务中将介绍狼牙开发板原理图的制作及 PCB 的制作。

单片机元件和
封装的对应关系

狼牙开发板原理
图与 PCB 制作

相关知识

狼牙开发板原理图绘制是按区域绘制的。元件库安装后，将元件拖动到原理图中进行布局，然后用导线或网络标号来连接即可。具体的过程可参考任务实施中的介绍。

PCB 的制作主要是元件封装的选择，元件在 PCB 中位置的布局按所提供的练习文件进行。

任务实施

1．狼牙开发板原理图制作

1）元件库的加载或安装

首先在主菜单中选择"设计"｜"浏览库"命令，打开"库"面板。单击"库"按钮，弹出"可用库"对话框，然后单击"安装"按钮，找到库文件进行安装。

2）视图大小的调整

在原理图窗口中，可以通过"查看"菜单下面的百分比来选择视图大小，也可以按键盘上的【PageUp】或【PageDown】键来放大或缩小原理图的视图窗口。

打开已经完成的原理图，可以看到一些红色的区域分割线，单击画线工具，然后在绘制线条时，按住【Tab】键，弹出线设置对话框，在其中可以改变线条的颜色为红色，然后可以绘制红色区域。

原理图整图如图 6-118 所示。

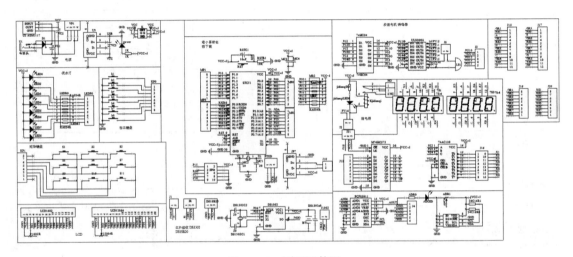

图 6-118　原理图整图

> **注意**
>
> 可以参考所提供的视频或者练习文件查看清晰的图片。

3）原理图的分区域显示

下面将原理图分区域进行切割，按从上到下，从左到右的顺序，切出的原理图如图 6-119 ～ 图 6-128 所示。在绘制时，将已经制作完成的元件拖动到原理图的相关区域中，然后进行布局调整和导线连接即可，没有导线直接相连接的，则通过网络标号和电源端口来连接。

图 6-119 是电源电路原理图，其中有 USB 电源供电电路。每个元件的标识在图中已经标出来了，注意这是元件标识，而不是说明文字。图中的红叉表示忽略 ERC 检查，是通过选择"放置"｜"指示"｜"没有 ERC"命令来实现的。VCC 和 GND 是电源端口。

图 6-120 是流水灯和独立键盘电路原理图，每个元件的标识在图中已经标出来了，注意这

是元件标识，而不是说明文字。LEDR0 和 LEDR1 是排电阻的标识，RA034R 是这个元件的封装名称，VCC+5 和 GND 是电源端口。

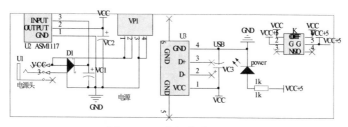

图 6-119　电源电路原理图

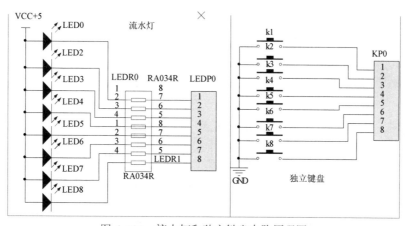

图 6-120　流水灯和独立键盘电路原理图

图 6-121 是矩阵键盘电路原理图。由 1 个八脚插座和 9 个按键构成。

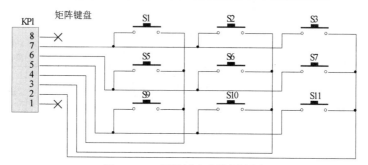

图 6-121　矩阵键盘电路原理图

图 6-122 是 LCD 显示屏电路原理图，通过 1 个十六脚和 1 个二十脚的插座，还有 2 个电位器进行连接，里面没有连接导线，主要是通过放置网络标号来实现。

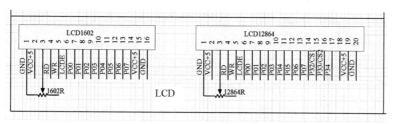

图 6-122　LCD 显示屏电路原理图

图 6-123 是最小系统含下载电路原理图，它以单片机为核心、包含复位电路、振荡电路、电源电路、USB 电路；还有很多网络标号，没有导线连接的地方就用网络标号来进行连接。

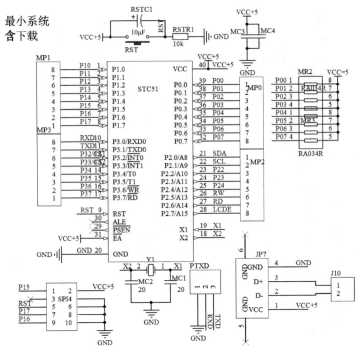

图 6-123　最小系统含下载电路原理图

图 6-124 是红外接收电路原理图。红外接收电路由电池供电、有晶振电路、收电路，除了导线连接外，还有一些网络标号来连接电路。

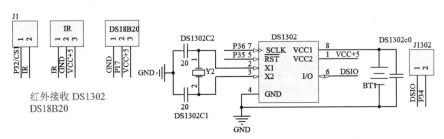

图 6-124　红外接收电路原理图

图 6-125 是步进电动机蜂鸣器电路，里面有驱动器、逻辑门电路。

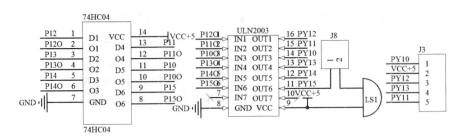

图 6-125　步进电动机蜂鸣器电路原理图

图 6-126 是继电器和数码管显示电路原理图，该电路主要通过网络标号来连接。

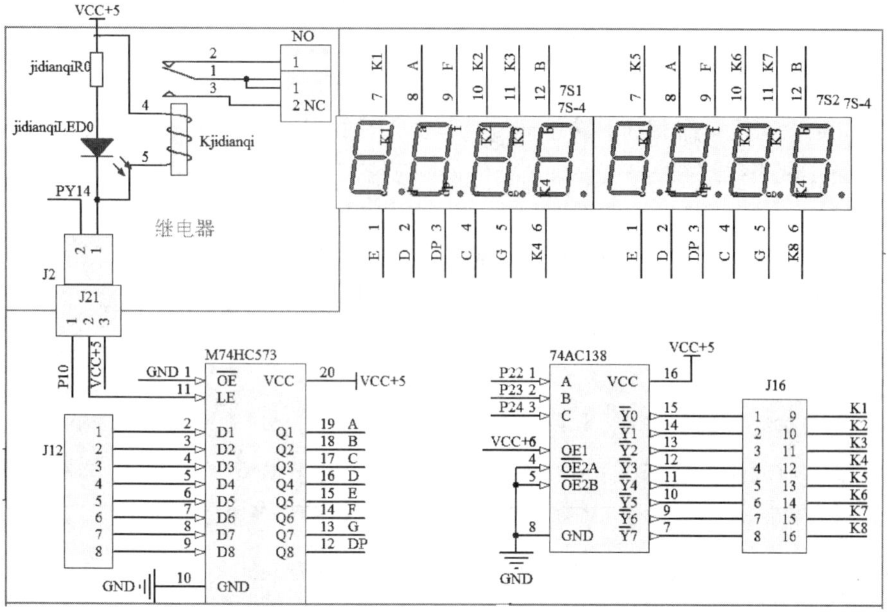

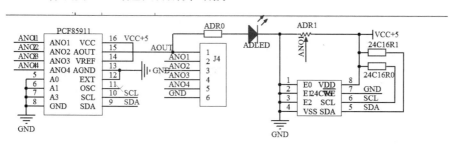

图 6-126　继电器和数码管显示电路原理图

图 6-127 是 A/D 采样和 D/A 输出电路原理图。按图进行连接即可。要注意的是，电位器的引脚和封装的标识要一一对应，否则会出错。

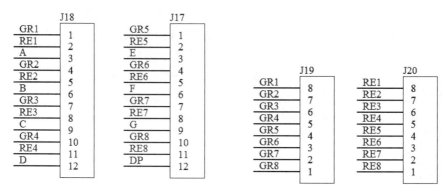

图 6-127　A/D 采样和 D/A 输出电路原理图

图 6-128 是点阵电路原理图。GR1 ～ GR8 为点阵绿色端，RE1 ～ RE8 为点阵红色端。按图放置网络标号即可实现连接。

图 6-128　点阵电路原理图

4）用网络标号来连接原理图元件

上面各部分中放置网络标号的方法是单击连接线工具栏中的 NET，按【Tab】键会出现"网络标签"对话框，在其中更改网络的名称即可。

在放置网络标号到元件的引脚上时一定要注意：要出现一个红色的叉标记，这才表明具有了电气特性。两个网络具有相同的网络标号，则这两个网络具有电气连接。在转换到 PCB 中后，这两个网络会出现飞线连接。

5）原理图的封装检查

（1）完成元件的放置、布局和电气连接后，通过工具里的"封装管理器"可以检查它的每一个元件是否有封装，或者封装是否正确。选择"工具"|"封装管理器"命令，如图 6-129 所示。

（2）弹出封装管理器对话框，一个一个检查封装，查看元件和封装的对应关系，如图 6-130 所示。

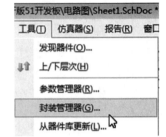

图 6-129　选择"封装管理器"命令

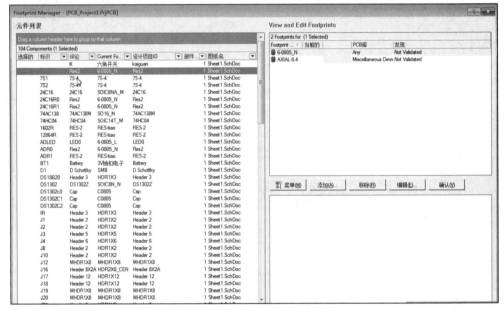

图 6-130　查看元件和封装的对应关系

（3）在图 6-130 元件列表栏中列出了元件的标识、元件的封装名称，右侧的上面区域显示封装名称，右侧下面区域显示封装预览。图 6-130 中的第一和第二个元件没有添加标识，这种情况是转到 PCB 后，这个元件的引脚是找不到飞线的。因此，通过这个对话框可以发现原理图中的错误。如果检查元件时发现没有封装，需要先安装封装库。

（4）安装封装后，再次打开"封装管理器"，对元件一个一个检查封装，读者可以参考录制的单片机元件和封装的对应关系的视频，一个一个检查并修改封装。

（5）此处只列出几个元件的封装，对应关系如图 6-131、图 6-132 所示。

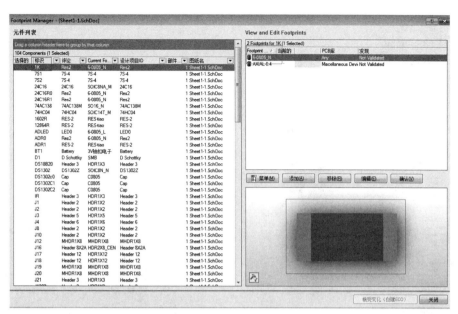

图 6-131　1k 的封装

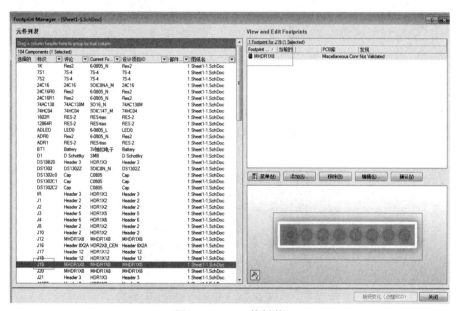

图 6-132　J19 的封装

其他封装还有很多，不再一一介绍，读者可参考视频和所提供的练习文件进行查找。

2．建立 PCB 文件并绘制走线

操作步骤如下：

1）建立 PCB 文件

在项目文件上右击，在弹出的快捷菜单中选择"给工程添加新的"|PCB 命令，即可增加
一个新的 PCB 文件。单击"保存"按钮，保存文件。

2）设置中心点

（1）选择"编辑"|原点|"设置"命令，如图 6-133 所示。

（2）放置在左下角，如图 6-134 所示。

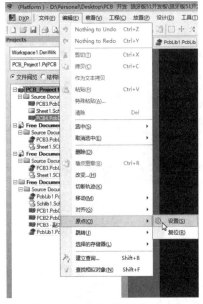

图 6-133　选择"设置"命令

图 6-134　放置在左下角

3）在机械层绘制走线

（1）找到下方的 Mechanical 1，放置走线。

LS \ ■ Top Layer \ ■ Bottom Layer \ ■ **Mechanical 1** \ □ Top Overlay \ ■ Bottom Overlay \ ■ Top Paste \ ■ Bottom P

（2）找到放置中的"走线"，然后在机械层绘制走线，如图 6-135 所示。

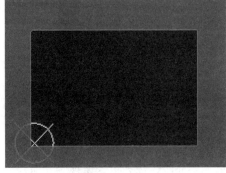

图 6-135　绘制走线

3．原理图更新到 PCB

（1）选择"设计"|Update PCB Document PCB1.PcbDoc 命令。

（2）弹出"工程顺序对话框"，先单击"生效更改"按钮，如图 6-136 所示。

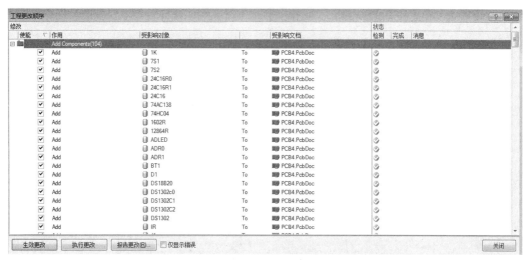

图 6-136　单击"生效更改"按钮

（3）然后，再单击"执行更改"按钮，状态区域的检测与完成出现了绿色的勾，说明正确，如图 6-137 所示。

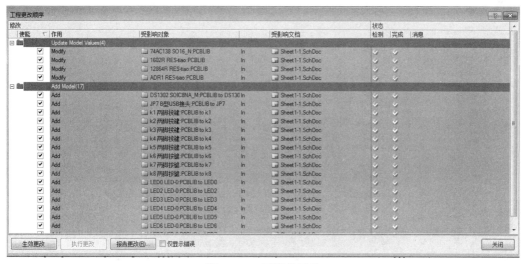

图 6-137　正确的元件

注意

如果检查有元件没有封装和引脚没有电气连接，则需要在原理图中去继续查找错误，直到没有错误为止。如果没有封装，则在原理图中检查元件的封装，如果没有引脚，则在元件库中查找元件的标识是否已经添加，元件的引脚序号是否和封装的引脚一一对应。

4．PCB 布线规则设置和自动布线

将原理图更新到 PCB 后，可以将元件拖动到紫色布线框中。

选择"设计"｜"规则"命令，设置布线规则。

（1）设置 Routing 下面的 Width，如图 6-138 ～图 6-141 所示。

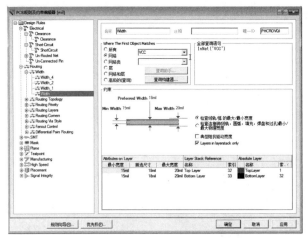

图 6-138　设置 VCC 网络的布线规则

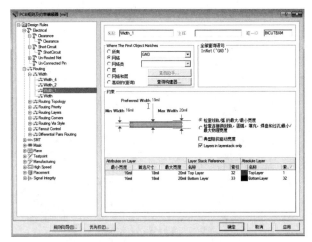

图 6-139　设置增加的 GND 网络规则

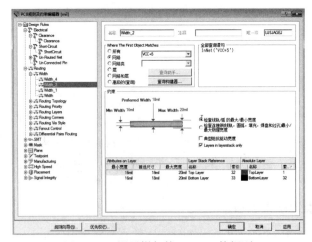

图 6-140　设置增加的 VCC+5 的规则

图 6-141　设置所有网络的规则

（2）设置规则完成后，选择"自动布线"｜"全部"命令，弹出一个对话框，选中"锁定已有布线"和"布线后消除冲突"复选框，然后单击 Route All 按钮就可以直接进行布线，如图 6-142 所示。

（3）然后执行自动布线，这样 PCB 中的元件将会自动布线。自动布线的效果如图 6-143所示。

图 6-142　设置自动布线

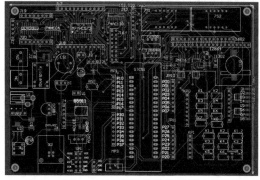

图 6-143　自动布线的效果

5．PCB 添加泪滴和敷铜

（1）单击工具里的"滴泪"按钮，给焊盘添加"滴泪"。

（2）选择"放置"｜"多边形敷铜"命令，在弹出的对话框中选择第一种模式，按第一种模式进行参数设置，如图 6-144 所示。

（3）从左上方开始拖至一个长方形就可以绘制成敷铜，完成后的效果如图 6-145、图 6-146 所示。

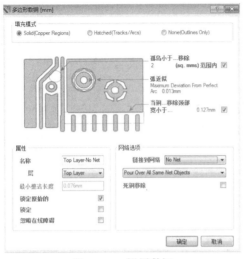

图 6-144　设置敷铜

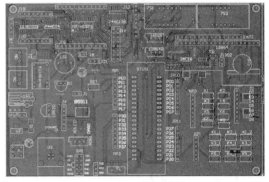

图 6-145　敷铜效果

最后给出一张 PCB 3D 显示的效果图，如图 6-147 所示。

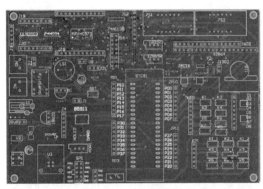

图 6-146　底层敷铜

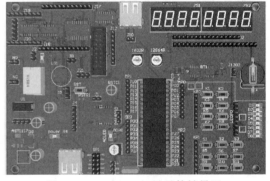

图 6-147　PCB　3D 显示的效果图

有兴趣的读者可以将 PCB 制作成 3D 显示的效果，这需要将元件的封装更改为 3D 元件。我们可以提供给上课的老师，有需求的可以和作者联系。

任务评价

在任务实施完成后，读者可以填写表 6-2，检测一下自己对本任务的掌握情况。

表 6-2　任务评价

任务名称		学　　时	2
任务描述		任务分析	

续表

实施方案				教师认可:	
问题记录	1.		处理方法		1.
	2.				2.
	3.				3.
成果评价	评价项目	评价标准	学生自评（20%）	小组互评（30%）	教师评价（50%）
	1.	1. （×%）			
	2.	2. （×%）			
	3.	3. （×%）			
	4.	4. （×%）			
	5.	5. （×%）			
	6.	6. （×%）			
教师评语	评 语： 成绩等级： 教师签字：				
小组信息	班 级 第 组 同组同学				
	组长签字 日 期				

本项目中所有操作可以参考所提供的上机视频。

自 测 题

1. 开发板元件制作的方法有哪些？
2. 开发板封装制作的方法有哪些？需要制作哪几个元件？
3. 如何绘制 3D 元件？
4. 如何制作 3D 显示的 PCB？
5. 上机操作：将本项目中的所有任务进行上机操作练习。

项（目）7

LCD 液晶显示屏电路板的制作

项目描述

本项目详细介绍了液晶显示电路中的元件和封装制作，集成库元件的复制，液晶显示电路原理图的制作，液晶显示 PCB 的制作。

项目目标

本项目包含元件和封装的创建、原理图的绘制、PCB 的绘制等。通过学习，应达到以下要求：

（1）掌握原理图文件的创建方法。

（2）掌握原理图元件的绘制方法。

（3）掌握 PCB 封装文件的创建方法。

（4）掌握绘制元件封装的技巧。

（5）掌握通过向导绘制元件封装的技巧。

（6）掌握 PCB 形状的绘制方法。

（7）掌握 PCB 的布线方法。

本项目详细的操作方法读者可以参考录制的视频来进行学习。

任务1 液晶显示电路的元件和封装制作

任务描述

本任务将介绍液晶显示电路板的原理图元件的制作和 PCB 元件的制作，其中有些知识在前面的内容中曾经介绍过，此处就不再重复介绍。

相关知识

液晶显示原理图元件的制作方法与前面介绍的元件制作方法相同，读者可以按照前面介绍的方法来制作。在任务实施中将介绍具体步骤。

液晶显示封装元件制作方法与前面介绍也是类似的，读者可以参考任务实施中的介绍来操作。

任务实施

液晶显示屏电路
元件和封装制作

液晶屏幕
元件补充

1. 液晶显示电路原理图元件制作

1）了解液晶显示电路原理图的元件（见图 7-1）

A3P030_VQ100	Cap Pol2_3	CON26	IS61LV25616AL
CAP	Cap Pol2_4	CRYSTAL_POWER	NCP1403
CAP NP	CAPACITOR	D Schottky	PESD1CAN
CAP1NF	CAP_1	ELECTRO1	RA?
CAP1NF_1	Cap_10	Header 2	RC4558D
CAPACITOR_1	Cap_11	Header 20X2	RES1
CAP NP_1	Cap_12	HEADER 5X2	RES2
Cap Pol2	Cap_13	HX8817A	RES2_1
Cap Pol2_1	CAP_2	Inductor	Res3
Cap Pol2_2	CAP_3	INDUCTOR1	Res3_1

图 7-1　液晶显示电路原理图的元件

在这么多元件中，很多电容、电阻、插座、二极管这些都是不需要自己绘制的，都可以在集成库中去复制、粘贴，可以参考录制的视频来制作和复制这些元件。

2）建立一个工程文件并增加原理图库和 PCB 库

（1）选择"文件"｜"新的"｜"工程"｜"PCB 工程"命令，创建一个工程，在这个工程中增加原理图库文件。

（2）给工程添加新的元器件库。选择"给工程添加新的"｜"Schematic Library 原理图库"命令，这样就会增加一个空的原理图元件库。

3）开始制作元器件

（1）A3P030 的制作：

① 选择"工具"｜"新器件"命令，创建一个新器件，然后给这个新器件重命名为 A3P030。

② 这个器件重命名后，打开元件库的空白窗口，在这个窗口中单击画线工具中的"放置矩形"图标，开始绘制一个矩形，然后放置引脚。

③ 按图 7-2 所示的示意图放置一个正方形，这个正方形的宽度为 340 mil，然后按引脚标识和显示名字进行引脚的放置。

（2）CAP 的制作：

① CAP 是集成元件库的元件，不需要自己绘制，只需要从集成元件库中复制。打开集成元件库，找到集成元件，然后打开。

Miscellaneous Connectors.IntLib 是插座的集成元件库。

Miscellaneous Devices.IntLib 是电阻电容、二极管、三极管、晶振、开关。

② 打开集成元件库后，在弹出的对话框中，单击"摘取源文件"按钮，然后双击打开集成库文件，打开元件库面板。

③ 双击打开 devices 集成库后，搜索 CAP 元件。找到电容元件，复制、粘贴到工程中自己创建的原理图元器件库中。CAP 的电容很多，读者可以按所提供的练习文件进行复制，如图 7-3 所示。

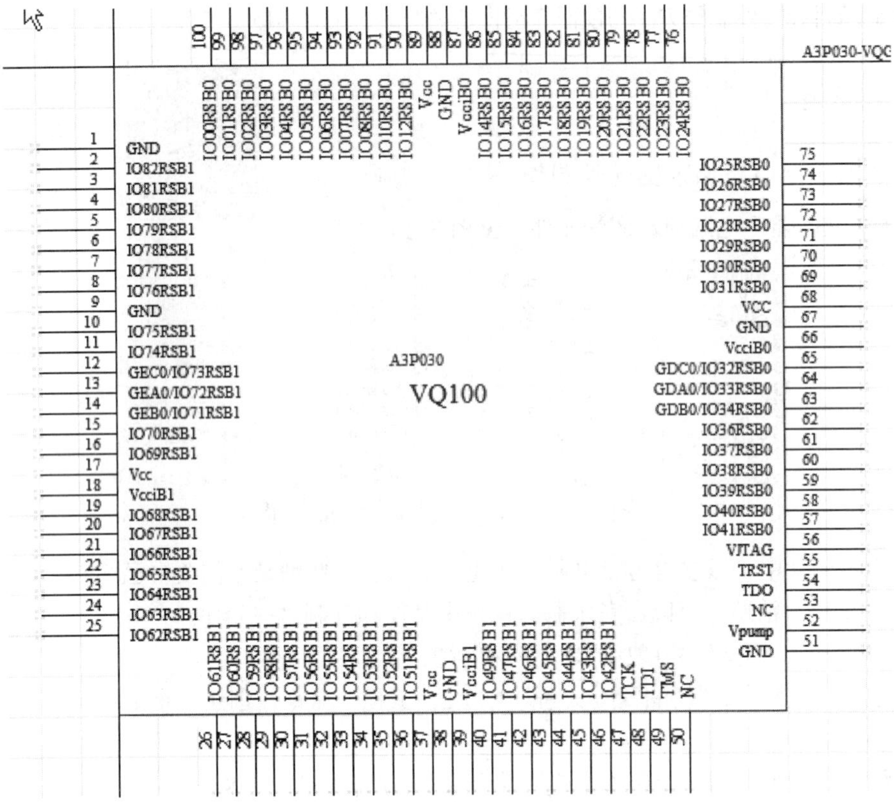

图 7-2　A3P030 元件示意图

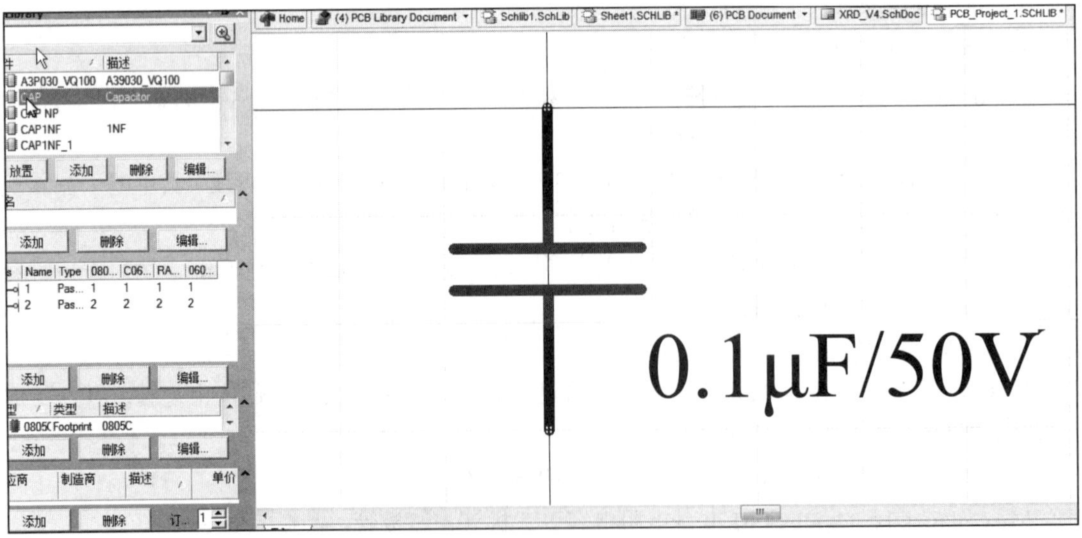

图 7-3　选择元件复制

（3）CON26 的制作。选择"工具"|"新器件"命令，创建一个新器件并命名为 CON26；
然后绘制一个矩形方框，并按图 7-4 所示放置引脚。

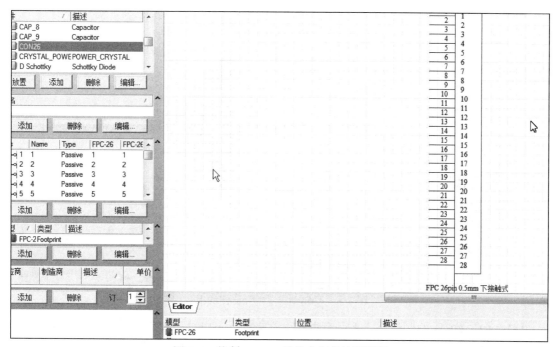

图 7-4　绘制 CON26 元件方框并放置引脚

（4）CRYSTAL_POWER 的制作。按前面介绍的方法创建元件，然后按图 7-5 所示绘制方框并放置引脚。

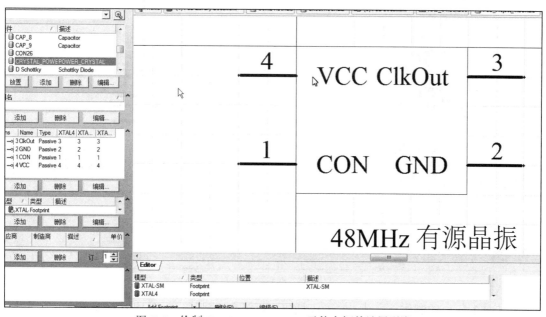

图 7-5　绘制 CRYSTAL_POWER 元件方框并放置引脚

（5）D Schottky 的制作。这个元件可在集成元件库中直接复制，不需要自己绘制。打开 devices 集成库，搜索 D Schottky 元件，找到后复制、粘贴到工程中自己的元器件库中，如图 7-6 所示。

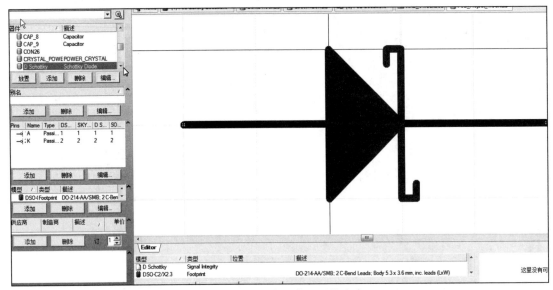

图 7-6 复制到自己的元器件库中

（6）ELECTRO1 的制作。这是一个电解电容元件，可以自己制作。首先绘制走线，然后放置引脚，如图 7-7 所示。

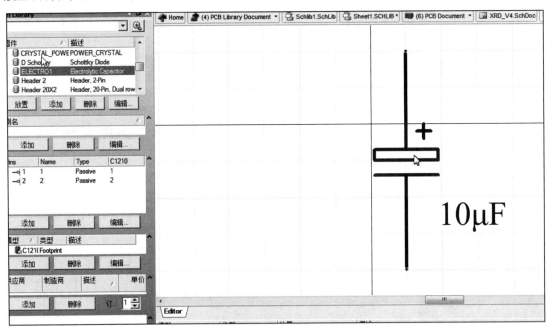

图 7-7 电解电容元件

（7）Header 2 的制作。这是一个两脚插座，可以直接复制，如图 7-8 所示。

单击 connectors 集成库，搜索 Header 2，复制、粘贴到工程的元器件库中。

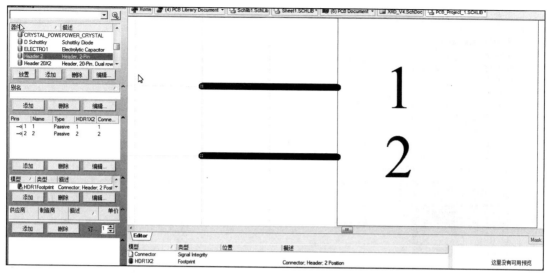

图 7-8　两脚插座

（8）Header 20X2 的制作。这个元件也可以从集成库中复制，单击 connectors 集成库，搜索 Header 20X2，复制、粘贴到工程的元器件库中，如图 7-9 所示。

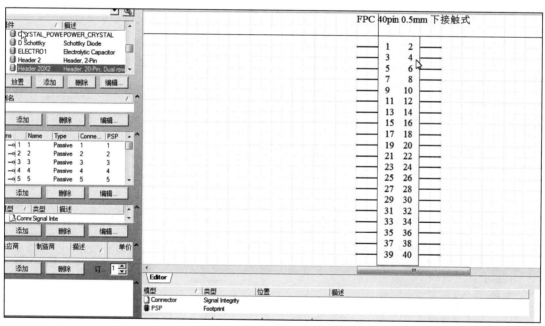

图 7-9　Header 20X2 元件

（9）Header 5X2 的制作：

① 单击 connectors 集成库，搜索 Header 5X2，复制、粘贴到工程的元器件库中，如图 7-10 所示。

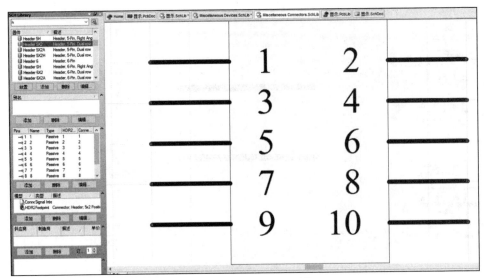

图 7-10　Header　5X2 元件

② 修改元件，将元件复制到自己的元器件库后，可以对这个元件进行修改。双击这个元件的每个引脚，设置引脚的属性，将"符号区域"的"外部边沿"选择 Dot，如图 7-11 所示。

③ 设置完成的元件如图 7-12 所示。

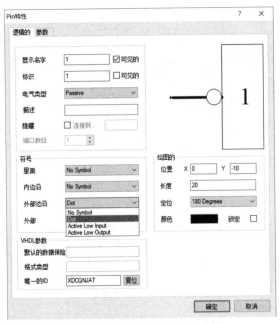

图 7-11　在外部边沿添加 Dot 符号

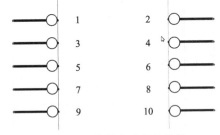

图 7-12　设置完成后的元件

（10）HX8817A 的制作。按图 7-13 所示的示意图，放置一个矩形，然后添加引脚。

（11）Inductor 的制作。这是电感元件，可直接在集成库中复制。几个相同的电感元件只是容量不一样，单击 devices 集成库，搜索 Inductor，复制、粘贴到工程的元器件库中，如图 7-14 所示。

1	AGEN	RSC3	17
2	STHR(STH1)	RSC2	16
3	STHL(STH2)	RSC1	15
4	STVU(STV2)	IF3	21
5	STVD(STV1)	IF2	20
		IF1	19
6	OEV		
7	CKV		
8	OEH	VSSD	27
11	Q1H	VSSA	34
		VDDA	33
12	POL	VDD	26
13	PWS1		
14	PWS2	V123	25
		CPH1	64
18	HWRESETZ	CPH2	63
		CPH3	62
22	UDC	CLK1	61
23	LRC	D17	60
24	HREF	D16	59
		D15	58
9	VDDIO	D14	57
10	VSSIO	D13	56
		D12	55
		D11	54
28	FBK1	D10	53
29	FBK2	CLK0	52
30	VB	D07	51
31	VG	D06	50
32	VR	D05	49
		D04	48
		D03	47
		D02	46
		D01	45
35	CS	D00	44
36	SCLK	B1	43
37	SDI	B0	42
38	SDO	NPC/DS	41
39	MS	DE	40

图 7-13　HX8817A 元件

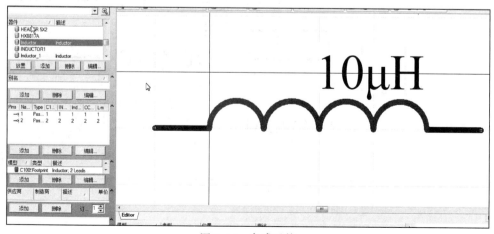

图 7-14　电感元件

（12）IS61LV25616AL 的制作。按图 7-15 所示绘制元件方框并添加引脚。

1	A0	I/O0	7
2	A1	I/O1	8
3	A2	I/O2	9
4	A3	I/O3	10
5	A4	I/O4	13
18	A5	I/O5	14
19	A6	I/O6	15
20	A7	I/O7	16
21	A8	I/O8	29
22	A9	I/O9	30
23	A10	I/O10	31
24	A11	I/O11	32
25	A12	I/O12	35
26	A13	I/O13	36
27	A14	I/O14	37
42	A15	I/O15	38
43	A16		
44	A17		
28	A18/NC	VDD	11
		VDD	33
6	$\overline{CE}$		
17	$\overline{WE}$		
41	$\overline{OE}$		
40	$\overline{UB}$	GND	34
39	$\overline{LB}$	GND	12

IS61LV25616AL

图 7-15 绘制 IS61LV25616AL 元件方框并添加引脚

（13）NCP1403 的制作。按图 7-16 所示，绘制元件方框并添加引脚。

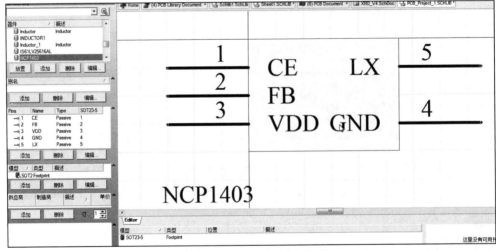

图 7-16 绘制 NCP1403 元件方框并添加引脚

（14）PESD3VL2BT 的制作。按图 7-17 所示绘制元件方框并添加引脚。

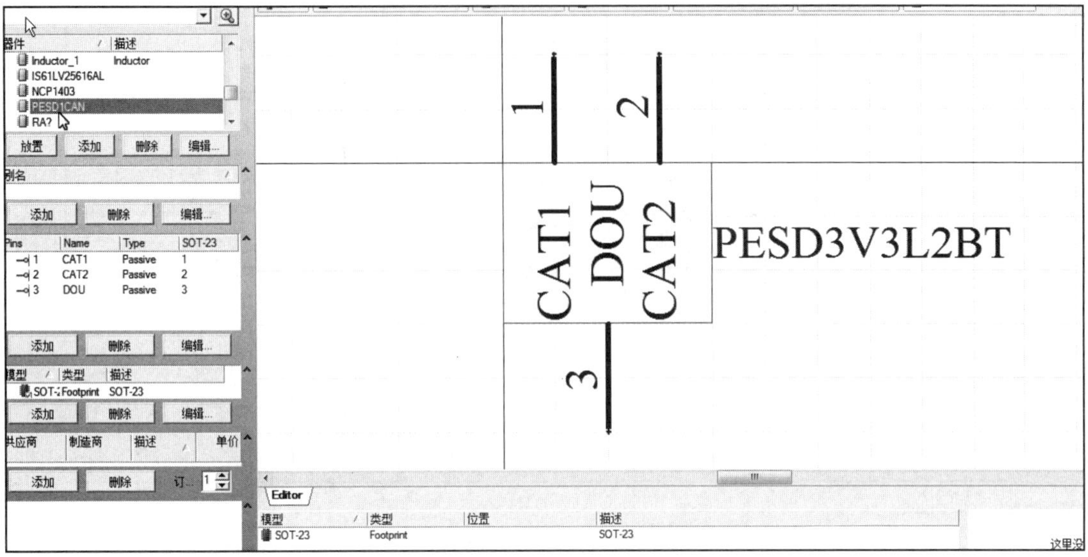

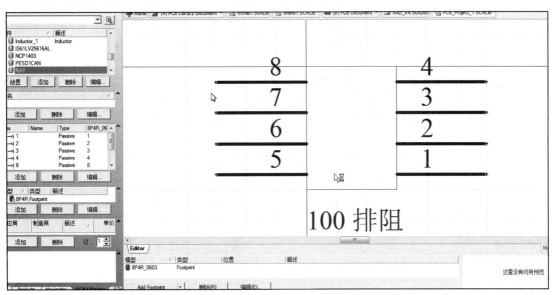

图 7-17 绘制 PESD3VL 元件方框并添加引脚

（15）RA 的制作。按图 7-18 所示绘制元件方框并添加引脚。

图 7-18 绘制 RA 元件方框并添加引脚

（16）RC4558D 的制作。按图 7-19 所示绘制元件方框并添加引脚。

（17）RES 的制作。这是集成库中的电阻元件，可以直接复制。单击 devices 集成库，搜索 RES，复制、粘贴到工程的元器件库中，如图 7-20 所示。

有几个相同类似的电阻元件，可根据所提供的练习文件进行查找复制。也可以看录制的视频。

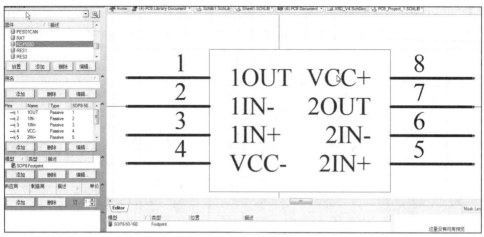

图 7-19　绘制 RC4558D 元件方框并添加引脚

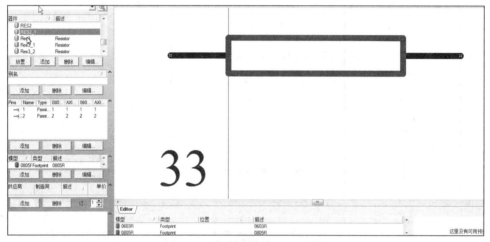

图 7-20　复制、粘贴 RES 元件

（18）SP4446 的制作。按图 7-21 所示绘制元件方框并添加引脚。

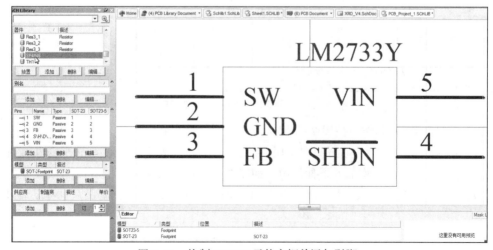

图 7-21　绘制 SP4446 元件方框并添加引脚

（19）TH1 的制作。放置多边形。选择多边形放置工具 绘制三角形，然后添加引脚，如图 7-22 所示。

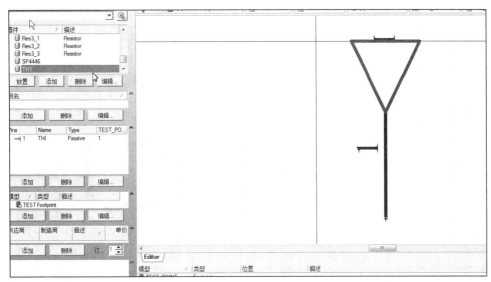

图 7-22　绘制 TH1 元件方框并添加引脚

（20）VOLTREG 的制作。按图 7-23 所示绘制元件方框并添加引脚。

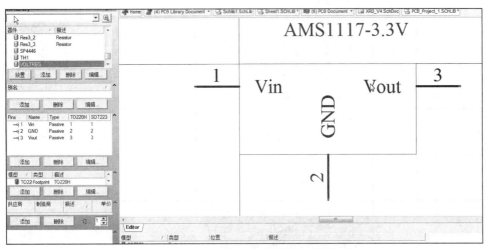

图 7-23　绘制 VOLTREG 元件方框并添加脚

（21）高频磁珠的制作。这个高频磁珠的绘制也可以复制后修改，单击 devices 集成库，找到 inductor iron 元件，复制、粘贴到工程的元器件库中，然后进行修改，如图 7-24 所示。

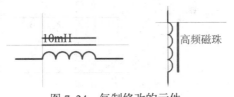

图 7-24　复制修改的元件

（22）电阻的制作。最后一个电阻元件也可直接复制，如图 7-25 所示。

图 7-25　直接复制电阻元件

2．液晶显示电路封装元件制作

1）8P4R_0603 的制作

这个元件可以通过元器件向导来制作。

在器件图案的对话框中，选择 SOP，单击"下一步"按钮，弹出定义焊盘尺寸对话框，设置焊盘的长为 40 mil，宽为 15 mil；继续单击"下一步"按钮，设置焊盘间距，水平距离为 70 mil，竖直距离为 31.459 mil。

液晶显示屏
封装补充

继续单击"下一步"按钮，设置外框宽度，可以不改变；再单击"下一步"按钮，设置焊盘的引脚数为 8；继续单击"下一步"按钮，最后单击"完成"按钮即可完成绘制，如图 7-26 所示。

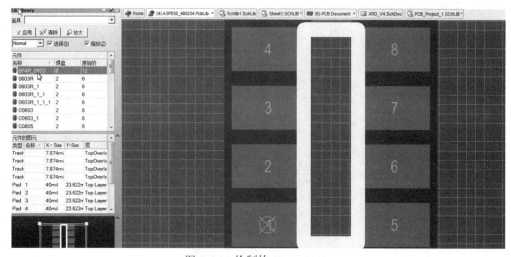

图 7-26　绘制的 8P4R_0603

2）0603R 的制作

（1）放置一个焊盘，并设置焊盘的属性。设置焊盘的位置 X 为 0 mil,Y 为 0 mil，然后设置焊盘的尺寸 X-Size 为 20 mil,Y-Size 为 25 mil，如图 7-27 所示。

（2）放置另一个焊盘，设置第二个焊盘的位置 X 为 60 mil,Y 为 0 mil，并设置焊盘的大小，如图 7-28 所示。

图 7-27　设置第一个焊盘的属性

图 7-28　设置第二个焊盘的属性

（3）绘制 0603R 元件外面的走线，如图 7-29 所示。

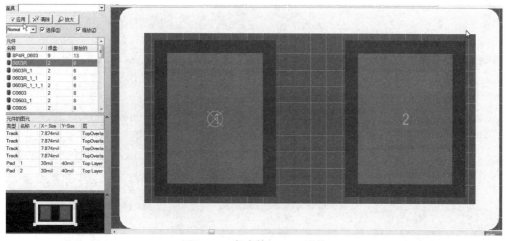

图 7-29　完成的 0603R 元件

3）C0603 的制作

（1）放置一个焊盘，并设置焊盘的属性，设置焊盘的位置 X 为 0 mil,Y 为 0 mil，然后设置焊盘的尺寸 X-Size 为 20 mil,Y-Size 为 20 mil。

（2）放置另一个焊盘，设置第二个焊盘的位置 X 为 0 mil,Y 为 55 mil，并设置焊盘的大小。

（3）绘制走线，完成的 C0603 元件如图 7-30 所示。

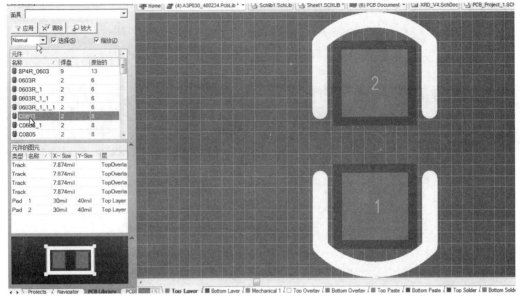

图 7-30 完成的 C0603 元件

4）C0805 的制作

（1）放置一个焊盘，并设置焊盘的属性，设置焊盘的位置 X 为 0 mil,Y 为 0 mil，然后设置焊盘的尺寸 X-Size 为 20 mil,Y-Size 为 20 mil。

（2）放置另一个焊盘，设置第二个焊盘的位置 X 为 75 mil,Y 为 0 mil，并设置焊盘的大小。

（3）在两焊盘周围画走线，完成的 C0805 元件如图 7-31 所示。

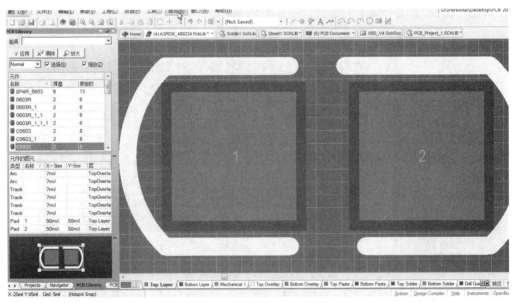

图 7-31 完成的 C0805 元件

5）C1210 的制作

（1）放置一个焊盘，并设置焊盘的属性，设置焊盘的位置 X 为 0 mil,Y 为 0 mil，然后设置焊盘的尺寸 X-Size 为 50 mil,Y-Size 为 70 mil。

（2）放置另一个焊盘，设置第二个焊盘的位置 X 为 135 mil,Y 为 0 mil，并设置焊盘的大小。

（3）给元件添加走线，完成的 C1210 元件如图 7-32 所示。

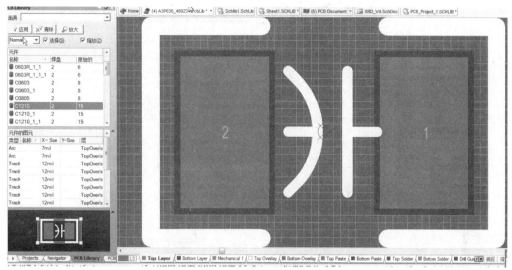

图 7-32　完成的 C1210 元件

6）FPC-26 的制作

（1）这个元件需要通过向导来制作。在向导过程中，要设置几个参数。

（2）选择元件的类型为 SOP, 设置焊盘的长为 40 mil, 宽为 5 mil, 焊盘间的水平距离为 100 mil，竖直距离为 19.684 mil，设置焊盘数为 52，一直单击"下一步"按钮，会得到一个 52 引脚的 SOP 元件，然后删除右侧多余的焊盘，如图 7-33 所示。

（3）增加两个新的焊盘，一个是 27，一个是 28，分别设置参数，如图 7-34、图 7-35 所示。

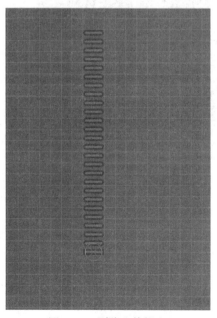

图 7-33　删除多的焊盘

图 7-34　焊盘 27 的参数设置

图 7-35 焊盘 28 的参数设置

（4）绘制走线，完成的 FPC-26 元件如图 7-36 所示。

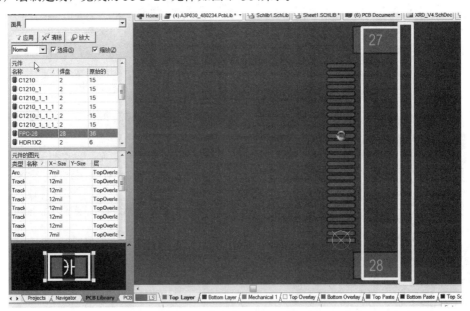

图 7-36 完成的 FPC-26 元件

7）HDR1X2 的制作

新建封装，放置一个 X-Size 为 59.055 mil, Y-Size 为 59.055 mil 的正方形焊盘；再放置另一个圆形焊盘，两焊盘间距为 100 mil。然后绘制走线，如图 7-37 所示。

8）HDR2X5 的制作

（1）选择"工具"｜"元器件向导"|DIP 命令，设置焊盘尺寸 X-Size 为 50 mil, Y-Size 为 50 mil, 焊盘的间距都是 100 mil, 设置焊盘数量为 10, 如图 7-38 所示。

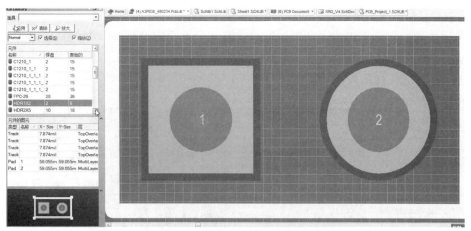

图 7-37　完成的 HDR1X2 元件

（2）删除多余的走线，并按图 7-39 所示修改焊盘的标识。

图 7-38　绘制焊盘

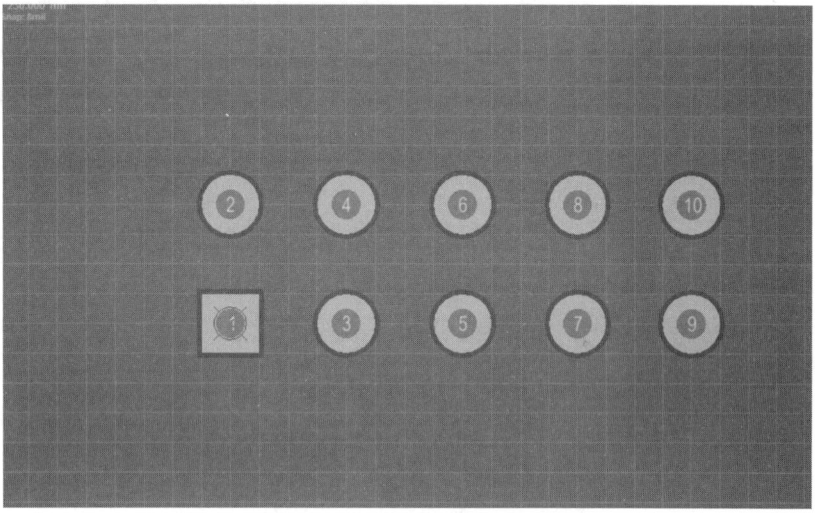

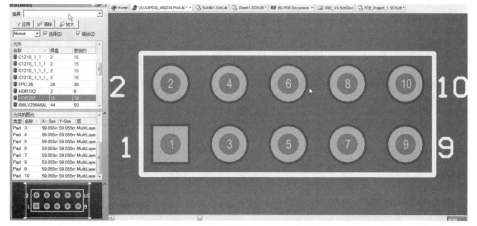

图 7-39　修改焊盘的标识

（3）绘制走线并加上引脚序号，完成的 HDR2X5 元件如图 7-40 所示。

图 7-40　完成的 HDR2X5 元件

9）IS6LV256A6AL 的制作

这个元件通过向导来制作。在制作过程中有几个重要的设置是，焊盘的长为 100 mil, 宽为 10 mil, 焊盘的水平距离为 413.186 mil, 竖直距离为 31.496 mil, 焊盘数量为 44，完成的 IS6LV256A6AL 元件如图 7-41 所示。

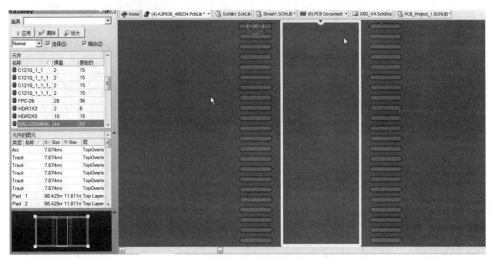

图 7-41 完成的 IS6LV256A6AL 元件

10）L-M 的制作

（1）先放置一个焊盘，并设置焊盘的属性，设置焊盘的位置 X 为 0 mil,Y 为 0 mil，然后设置焊盘的尺寸 X-Size 为 79 mil,Y-Size 为 150 mil，如图 7-42 所示。

图 7-42 设置第一个焊盘的属性

（2）放置另一个焊盘，设置第二个焊盘的位置 X 为 141 mil,Y 为 0 mil，并设置焊盘的尺寸 X-Size 为 79 mil,Y-Size 为 150 mil。

（3）绘制直线，完成的 L-M 元件如图 7-43 所示。

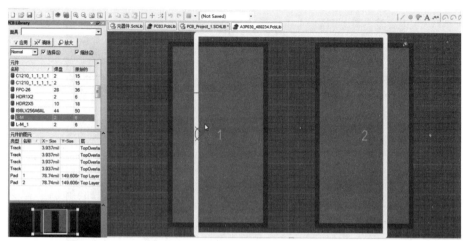

图 7-43　L-M 元件

11）LCC64 的制作

（1）这个元件可通过向导来制作，制作要点如图 7-44～图 7-47 所示。

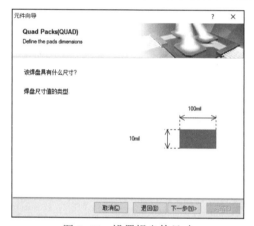

图 7-44　设置焊盘的尺寸

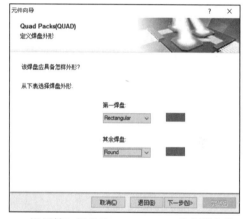

图 7-45　设置第一焊盘为 Rectangular，其余焊盘为 Round

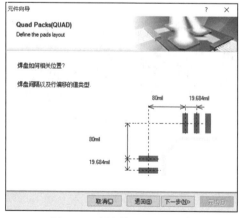

图 7-46　设置焊盘相关距离

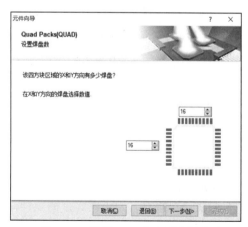

图 7-47　设置 X-Y 方向焊盘数量

（2）完成的 LCC64 元件如图 7-48 所示。

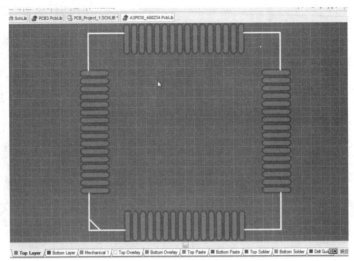

图 7-48 完成的 LCC64 元件

12）PSP 的制作

（1）这个元件同样通过向导来完成，制作要点如图 7-49、图 7-50 所示。

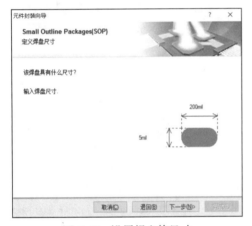

图 7-49 设置焊盘的尺寸

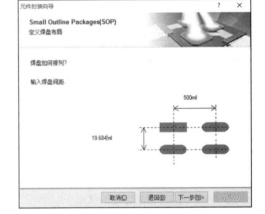

图 7-50 设置焊盘间距

（2）在后面的对话框中设置焊盘数量为 80。删除一侧的焊盘，如图 7-51 所示。

（3）增加两个新 GND 焊盘，设置 GND 焊盘的属性如图 7-52 所示。

（4）设置第二个 GND 焊盘与第一个 GND 焊盘的距离为 952.126 mil，最后绘制走线，完成的 PSP 元件如图 7-53 所示。

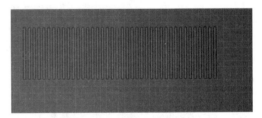

图 7-51 删除一侧的焊盘

13）R0603 的制作

（1）放置一个焊盘，并设置焊盘的属性，设置焊盘的位置 X 为 27.5 mil, Y 为 0 mil，然后设置焊盘的尺寸 X-Size 为 20 mil, Y-Size 为 20 mil。

（2）放置另一个焊盘，设置第二个焊盘的位置 X 为 -27.5 mil, Y 为 0 mil，并设置焊盘的大小。

（3）绘制走线，完成的 R0603 元件如图 7-54 所示。

图 7-52　设置 GND 焊盘的属性

图 7-53　完成的 PSP 元件

图 7-54　完成的 R0603 元件

14）SOD123 的制作

（1）第一个焊盘的属性设置如图 7-55 所示。

（2）第二个焊盘的属性设置如图 7-56 所示，将两个焊盘的间距设为 129.922 mil。

图 7-55　第一个焊盘的属性设置

图 7-56　第二个焊盘的属性设置

（3）绘制走线，完成的 SOD123 元件如图 7-57 所示。

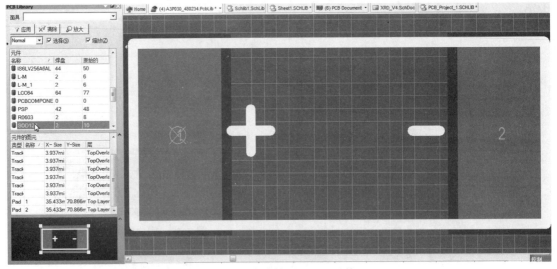

图 7-57　完成的 SOD123 元件

15）SOD8-50-160 的制作

这个元件可通过向导来完成。选择 SOP 封装，设置焊盘的长为 60 mil, 宽为 30 mil，设置焊盘的水平距离为 236 mil, 竖直距离为 50 mil，设置焊盘的数量为 8，完成的 SOD8-50-160 元件如图 7-58 所示。

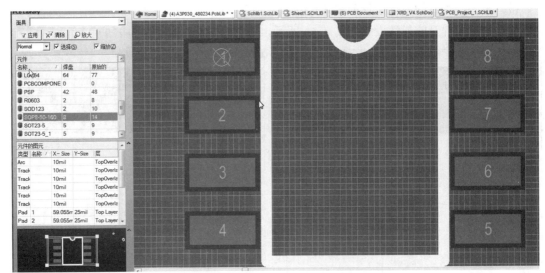

图 7-58　完成的 SOD8-50-160 元件

16）SOT23-5 的制作

（1）这个元件可通过向导来完成。选择 SOP 封装，设置焊盘的长为 50 mil, 宽为 20 mil，设置焊盘的水平距离为 100 mil, 竖直距离为 37.426 mil，设置焊盘的数量为 6。

（2）绘制走线，修改封装，完成的 SOT23-5 元件如图 7-59 所示。

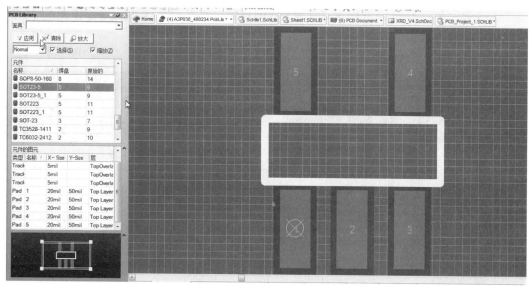

图 7-59　完成的 SOT23-5 元件

17）SOT233 的制作

（1）放置一个焊盘，并设置焊盘的属性。设置焊盘的位置 X 为 0 mil,Y 为 0 mil，然后设置焊盘的尺寸 X-Size 为 50 mil,Y-Size 为 80 mil，这个焊盘的标识为 2,如图 7-60 所示。

（2）放置第三和第一个焊盘，设置第三个焊盘的位置 X 为 90 mil,Y 为 0 mil，设置第一个焊盘的位置 X 为 180 mil,Y 为 0 mil，并设置焊盘的大小，如图 7-61、图 7-62 所示。

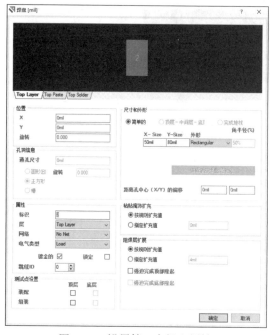

图 7-60　设置第二个焊盘属性

图 7-61　设置第三个焊盘属性

（3）在第一至三焊盘的上面 Y 为 140 mil 的位置，放置一个 X-Size 为 240 mil，Y-Size 为 50 mil 的焊盘，如图 7-63 所示。

图 7-62　设置第一个焊盘属性

图 7-63　放置第一个 0 焊盘

（4）在第一至三焊盘上面 Y 为 220 mil 的位置，放置一个 X-Size 为 160 mil，Y-Size 为 50 mil 的焊盘，如图 7-64 所示。

图 7-64　第二个 0 焊盘

（5）完成的 SOT233 元件如图 7-65 所示。

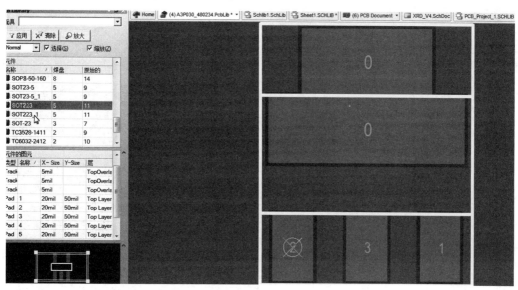

图 7-65　完成的 SOT233 元件

18）SOT-23 的制作

（1）按下面的尺寸设置第一至三焊盘的属性，如图 7-66 ～ 图 7-68 所示。

图 7-66　第一个焊盘的属性设置

图 7-67　第二个焊盘的属性设置

（2）完成的 SOT-23 元件如图 7-69 所示。

图 7-68　第三个焊盘的属性设置

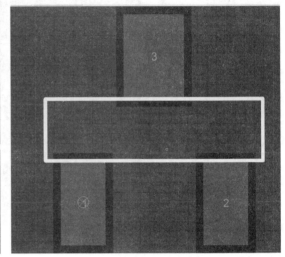

图 7-69　完成的 SOT-23 元件

19）TC3528-1411 的制作

（1）建立新器件，放置两个大小 X-Size 为 86 mil，Y-Size 为 78 mil 的焊盘，两焊盘的间距为 118.112 mil。设置第一个焊盘的位置为 0,0。

（2）设置第二个焊盘的位置 X 为 118.112 mil,Y 为 0 mil，大小与第一个焊盘一样。

（3）绘制走线，完成的 TC3528-1411 元件如图 7-70 所示。

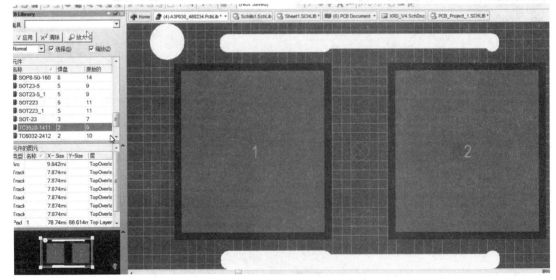

图 7-70　完成的 TC3528-1411 元件

20）TC0632-2412 的制作

（1）新建封装，放置两个大小 X-Size 为 78 mil，Y-Size 为 86 mil 的焊盘，两焊盘的间距为 196.852 mil。

（2）设置第二个焊盘的位置 X 为 196.852 mil, Y 为 0 mil，大小与第一个焊盘一样。

（3）绘制走线，完成的 TC0632-2412 元件如图 7-71 所示。

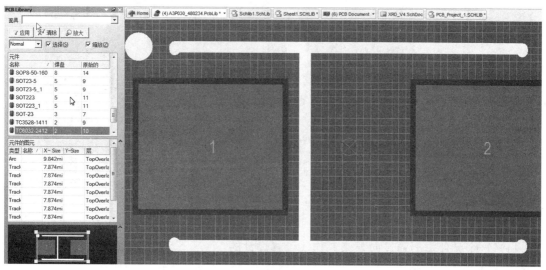

图 7-71　完成的 TC0632-2412 元件

21）TEST_POINT 的制作

（1）这个元件只有一个焊盘，需要设置焊盘的参数，设置焊盘的大小 X-Size 为 48 mil，Y-Size 为 48 mil，焊盘的位置 X 为 0 mil, Y 为 0 mil 的圆形焊盘，如图 7-72 所示。

图 7-72　设置焊盘的属性

（2）绘制走线，完成的 TEST_POINT 元件如图 7-73 所示。

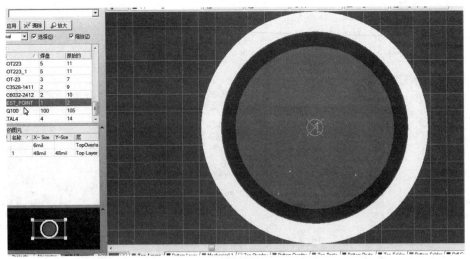

图 7-73　完成的 TEST_POINT 元件

22）VQ100 的制作

（1）这个元件需要通过向导来制作，设置焊盘的长为 65 mil，宽为 10 mil。

（2）设置焊盘的相关位置如图 7-74 所示。

（3）设置焊盘的 X 和 Y 的数量为 25。

（4）完成的 VQ100 元件如图 7-75 所示。

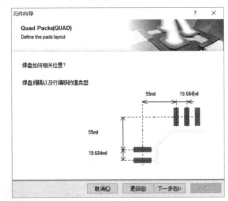

图 7-74　设置焊盘的相关位置

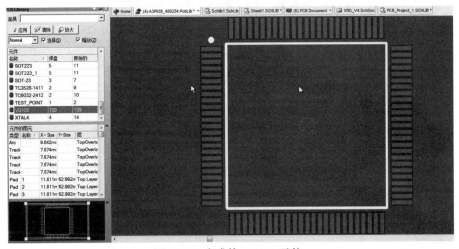

图 7-75　完成的 VQ100 元件

23）XTAL4 的制作

（1）新建封装元件，放置 4 个大小 X-Size 为 59 mil，Y-Size 为 78 mil，的焊盘，焊盘放置成正方形的形状，距离均为 196.85 mil，如图 7-76 所示。

图 7-76　设置焊盘的属性

（2）绘制走线，完成的 XTAL4 元件如图 7-77 所示。

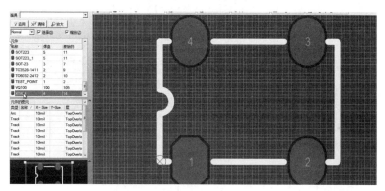

图 7-77　完成的 XTAL4 元件

🖎任务评价

在任务实施完成后，读者可以填写表 7-1，检测一下自己对本任务的掌握情况。

表 7-1　任务评价

任务名称		学　　时	2
任务描述		任务分析	
实施方案		教师认可：	

续表

问题记录	1.	处理方法	1.		
	2.		2.		
	3.		3.		

成果评价	评价项目	评价标准	学生自评（20%）	小组互评（30%）	教师评价（50%）
	1.	1. （×%）			
	2.	2. （×%）			
	3.	3. （×%）			
	4.	4. （×%）			
	5.	5. （×%）			
	6.	6. （×%）			

教师评语	评 语：			
	成绩等级：		教师签字：	

小组信息	班 级		第 组	同组同学	
	组长签字			日 期	

任务 2 液晶显示原理图和 PCB 的制作

任务描述

在本任务中将介绍液晶显示原理图的制作，以及 PCB
的制作。

液晶屏元件和
封装的对应关系

液晶屏显示原理图
与 PCB 制作简介

相关知识

液晶显示原理图的绘制是按区域绘制的。元件库安装后，将元件拖动到原理图中进行布局，然后用导线或网络标号来连接即可。具体的过程可参考任务实施中的介绍。

PCB 的制作主要是元件封装的选择不要选错了，元件在 PCB 中位置的布局按所提供的练习文件进行。

任务实施

1. 液晶显示原理图制作

（1）元件库的加载或安装。首先在主菜单栏中选择"设计"｜"浏览库"命令，打开"库"面板。单击"库"按钮，弹出"可用库"对话框，然后单击"安装"按钮，找到库文件进行安装。

（2）在原理图窗口中，可以通过"查看"菜单下面的百分比来选择视图大小，也可以按键盘上的【PageUp】、【PageDown】键来放大缩小原理图的视图窗口。

打开已经完成的原理图，可以看到一些红色的区域分割线，单击画线工具，然后在绘制线条时，按住【Tab】键，弹出线设置对话框，在其中可以改变线条的颜色为红色，然后就可以绘制红色区域。

（3）液晶显示电路整个原理示意图如图 7-78 所示。

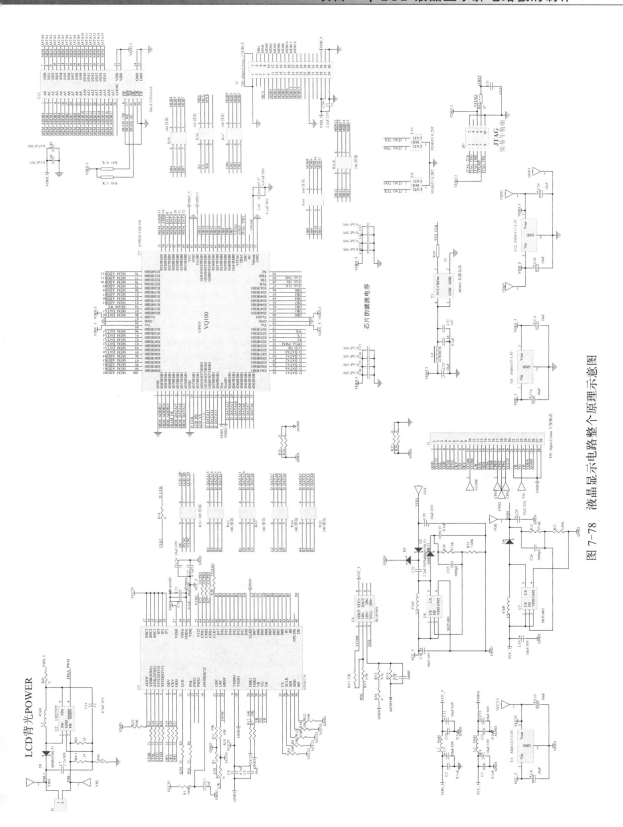

图 7-78　液晶显示电路整个原理示意图

将元件按照图 7-78 的位置拖动到原理图中并进行布局摆放。但是这个图，我们看不清楚，因此，需要参考我们录制的视频，或者参考所提供的练习文件来对照放置元件。

(4)原理图区域切割。将原理图从上到下、从左到右切成几部分，如图 7-79 ～ 图 7-92 所示。

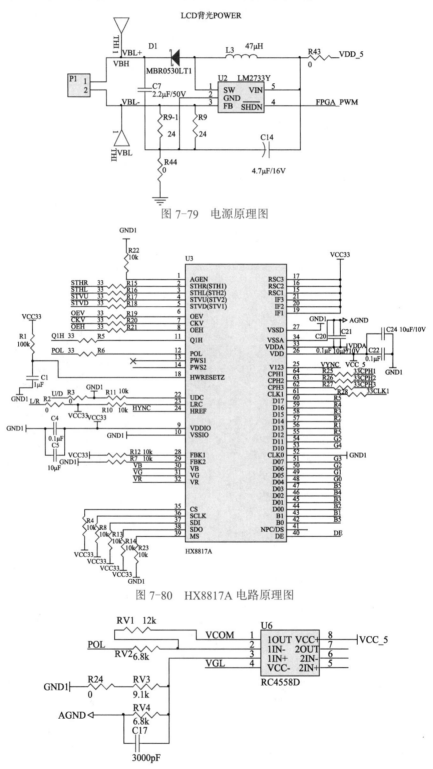

图 7-79 电源原理图

图 7-80 HX8817A 电路原理图

图 7-81 RC4558D 原理图

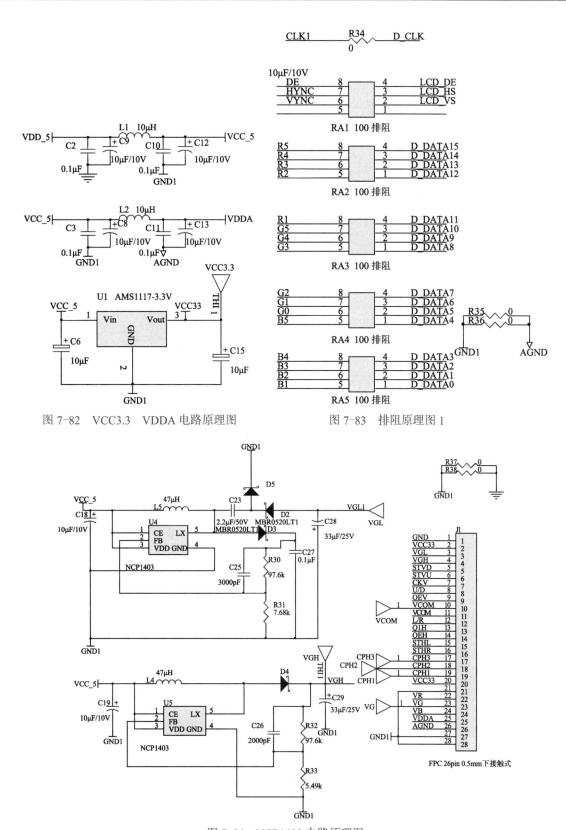

图 7-82 VCC3.3 VDDA 电路原理图

图 7-83 排阻原理图 1

图 7-84 NCP1403 电路原理图

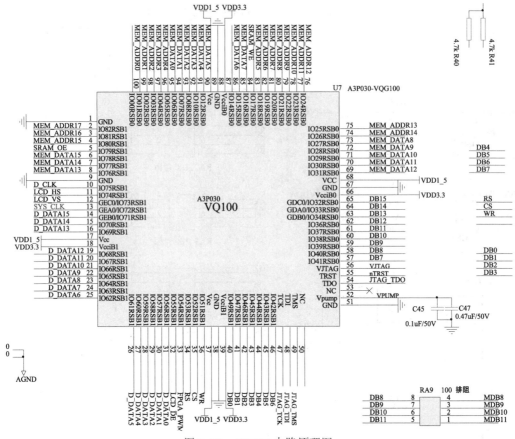

图 7-85　A3P030 电路原理图

注意

网络标识有点错位，请按正确的位置放置即可。

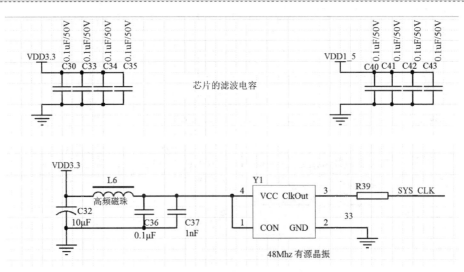

芯片的滤波电容

图 7-86　滤波电路和振荡电路原理图

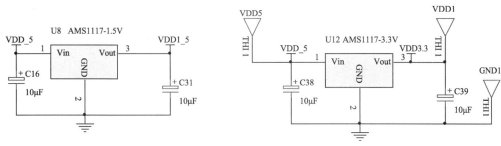

图 7-87　AMS117 原理图

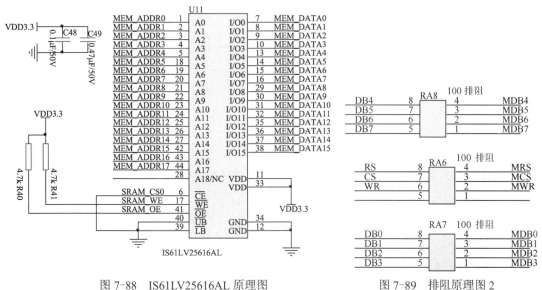

图 7-88　IS61LV25616AL 原理图

图 7-89　排阻原理图 2

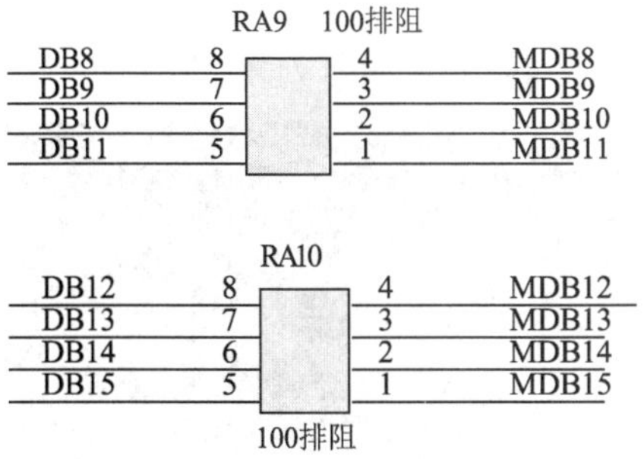

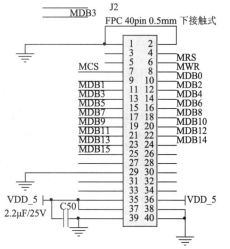

图 7-90　排阻原理图 3

图 7-91　FPC 电路原理图

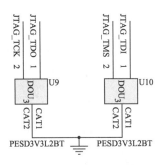

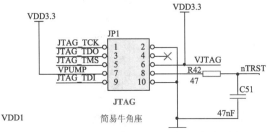

图 7-92　PESD3V3L2BT 和 JP1 相关电路原理图

2．元器件与封装的对应关系

各元器件与封装的对应关系参考所录制的视频，此处不再——进行介绍。

> **注意**
>
> 一定要一个一个元件进行封装检查。如果没有封装，则在 PCB 文件中肯定也没有这个元件存在，同时在封装管理器检查元件封装的同时，还要检查元件是否有网络标识，如果没有网络标识，则与这个元件相连接的网络没有电气连接，也就没有飞线存在了。

这个封装检查和封装修改增加，要用一定的时间，读者要认真查找元件和封装的对应关系。

3．液晶显示 PCB 的制作

1）建立 PCB 文件

（1）建立一个 PCB 文件，然后在原理图文件中，选择更新到 PCB，如图 7-93 所示。

（2）更新到 PCB 后，按所提供的练习文件进行元件的布局，如图 7-94 所示。

图 7-93　更新到 PCB

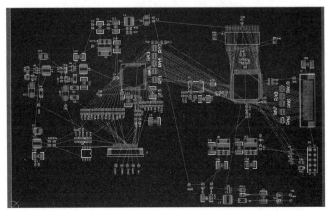

图 7-94　元件布局

2）元件的手动布线

按图 7-95 所示进行手动布线，需要一个一个进行布线。

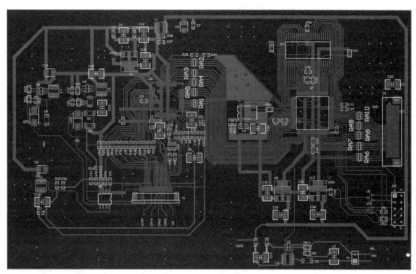

图 7-95　元件的手动布线

3）敷铜

（1）选择多边形敷铜，在弹出的对话框中进行设置，然后进行敷铜，中间区域的敷铜如图 7-96 所示。

（2）设置顶层和底层左边的敷铜，如图 7-97 所示。

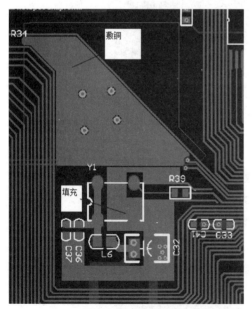

图 7-96　中间区域的敷铜

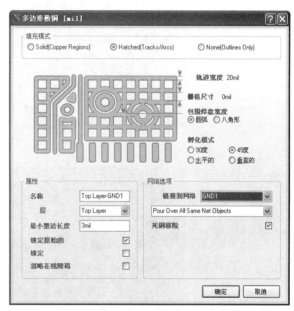

图 7-97　设置顶层和底层左边的敷铜

（3）设置顶层和底层右边的敷铜，如图 7-98 所示。

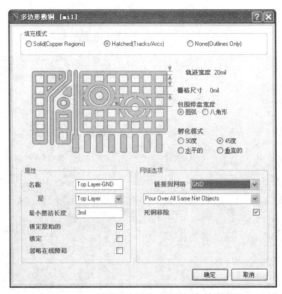

图 7-98 设置顶层和底层右边的敷铜

（4）敷铜后的效果如图 7-99、图 7-100 所示。

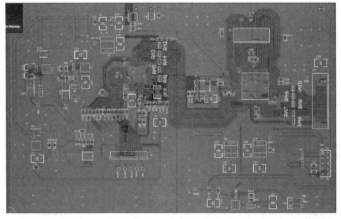

图 7-99 顶层敷铜

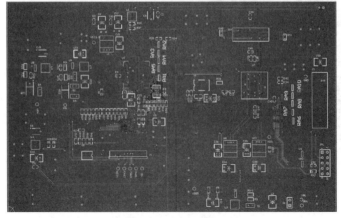

图 7-100 底层敷铜

任务评价

在任务实施完成后，读者可以填写表 7-2，检测一下自己对本任务的掌握情况。

表 7-2　任务评价

任务名称				学　　时		2	
任务描述				任务分析			
实施方案				教师认可：			
问题记录	1. 2. 3.			处理方法		1. 2. 3.	
成果评价	评价项目		评价标准	学生自评（20%）	小组互评（30%）	教师评价（50%）	
	1.		1.　（×%）				
	2.		2.　（×%）				
	3.		3.　（×%）				
	4.		4.　（×%）				
	5.		5.　（×%）				
	6.		6.　（×%）				
教师评语	评　语： 　　　　　　　　　　成绩等级：　　　　　　教师签字：						
小组信息	班　　级		第　　组	同组同学			
	组长签字		日　　期				

本项目中所有操作都可以参考所录制的上机视频。

自　测　题

1. 液晶显示电路元件制作的方法有哪些？
2. 液晶显示电路封装制作的方法有哪些？需要制作哪几个元件？
3. 如何绘制 3D 元件？
4. 如何制作 3D 显示的 PCB？
5. 上机操作：将本项目中的所有任务进行上机操作练习。

附录 A　图形符号对照表

图形符号对照表见表 A-1。

表 A-1　图形符号对照表

序　号	名　称	国家标准的画法	软件中的画法
1	二极管		
2	发光二极管		
3	稳压二极管		
4	电位器		
5	按键开关		
6	电解电容		
7	接地		
8	蓄电池		
9	三极管		
10	电感元件		
11	电阻元件		